DAS LÖWEN ZAHN BUCH

Löwenzahn
WERKSTATT

Mechtilde Frintrup

DAS LÖWEN ZAHN BUCH

Die Nahrungs- und Heilpflanze für Kreativität und Erneuerung

Mit Rezepten und Spielideen

at VERLAG

INHALT

LÖWENZAHN-
WEIN

VORWORT

»Der Löwenzahn wird die nächste Pflanze, mit der ich mich intensiv beschäftigen will«, das war schon klar, als ich noch am Brennnessel-Buch geschrieben hatte. Der Löwenzahn ist ebenso häufig zu finden, manchmal stehen beide Pflanzen nebeneinander. Ansonsten sind sie aber sehr verschieden und ergänzen sich außerordentlich gut. Brennnessel, die Nierenpflanze, die unseren Körper stärkt und Mut macht. Der Löwenzahn, die Leberpflanze, löst Stockungen, fördert Kreativität und Flexibilität. Die Brennnessel ist wehrhaft, lädt nicht gerade zum Spielen ein. Der Löwenzahn dagegen mit seinen üppigen, gelben Blüten und den Pusteblumen bereitet uns schon beim Anblick Freude. Die beiden Pflanzen verbindet, dass sie jeder kennt, sie massenhaft vorkommen und oft als Unkraut verkannt werden.

Brennnessel kräftigt den Körper, und Löwenzahn öffnet die Sinne für Neues, die beiden ergänzen sich gut.

Wir können den Löwenzahn von der Wurzel, über Knospen, Blätter, Stängel und Blüten bis zum Samen als Heilpflanze und auch kulinarisch nutzen. Wir können ihn zum Spielen verwenden. Die Wiesentrompete mit dem Stängel anstimmen, aus der Pusteblume mit ihren Flugschirmchen wunderschöne Objekte kreieren, und die Stängel bieten sogar Bastfasern zum Weben oder Flechten. Die Blüten sind honigsüß, und der weiße Milchsaft ist wirksame Bittermedizin. Zudem enthält er den begehrten Kautschuk, aus dem sogar Autoreifen hergestellt werden.

Um Ruhe zum Schreiben und Zeichnen zu haben, landete ich im Winter 2024/2025 auf Kreta. Dort ist der Löwenzahn als Gemüsepflanze beliebt. Ich bin durch den Löwenzahn an einen Ort gelangt, wo ich viel Neues lernen konnte und wollte, die Transformationspflanze wirkt bei mir ganz deutlich.

Der Löwenzahn ist zudem als Orakel- und Wunschpflanze weltweit bekannt. *Dandelion don't tell no lies, Dandelion will make you wise.* So heißt es in dem eher untypischen Song der Rolling Stones, erschienen 1967 im *Summer of Love*. Wie diese Zeit, die einen Samen für einen gesellschaftlichen Wandel gelegt hat, so kann der Löwenzahn als Heilpflanze, als Nahrung, in der Kunst und im Spiel alte Strukturen aufbrechen, einen Wandel in uns und in der Welt schaffen.

Mechtilde Frintrup

Im Gewächshaus, ESKUSA Pflanzenzucht, Parkstetten.

DER WISSENSCHAFTLICHE BLICK

BOTANIK

Die Pflanzenfamilie der Taraxacum

Die Gattung Löwenzahn *(Taraxacum)* gehört zur Familie der Korbblütler *(Asteraceae)*. Korbblütler werden auch Asternartige oder *Compositae* (lat. für Zusammengesetzte) genannt. Ihr Hauptmerkmal sind die Blütenstände, die zu einem Blütenkorb oder Blütenkopf wie zu einer Blüte zusammengewachsen sind. Bei der gängigen Bezeichnung Löwenzahn für die Taraxacum-Arten kann es leicht zu Verwirrung mit der Gattung Löwenzahn *(Leontodon)* kommen.[1]

Herbstlöwenzahn

Rainkohl

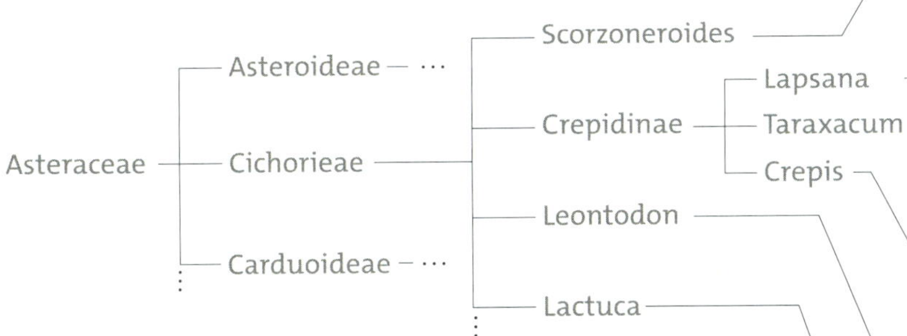

Taraxacum in der Familie der Asteracea (Korbblütler)

Wiesenlöwenzahn

Pippau

Ursprünglich gehörte der Wiesenlöwenzahn zur Gruppe der Leontodon. Viele Leontodon-Arten behielten ihren Trivialnamen Löwenzahn, wie der Steifhaarige Löwenzahn *(Leontodon hispidus)*. Der Herbstlöwenzahn *(Scorzoneroides autumnalis)* gehört wiederum zur Gattung der Schuppenlöwenzähne. Die Taraxacum-Arten enthalten zwar Milchsaft, gehören aber nicht zur Familie der Lattiche *(Lactuca)* wie der Kompasslattich *(Lactuca serriola)* und der Kopfsalat *(Lactuca sativa)*. Enger verwandt ist der Wiesenlöwenzahn mit dem Rainkohl *(Lapsana communis)* und Wiesenpippau *(Crepis biennis)*.

Rauer Löwenzahn

Kompasslattich

Leontodon crispus auf Kreta.

Taraxacum pseudoroseum

Russischer Löwenzahn
Taraxacum kok-saghyz

Der Gewöhnliche Wiesenlöwenzahn wird in der Biologie *Taraxacum officinale agg.* genannt oder *Taraxacum sect. ruderalia*, womit mehr Arten berücksichtigt sind. Viele Arten des Taraxacum wurden in Sammelarten unterteilt, doch auch diese lassen sich wegen vieler Übergangspopulationen kaum voneinander unterscheiden und werden deshalb zu sogenannten Sektionen zusammengefasst. So gibt es eine Vielzahl von Taraxacum-Pflanzen, die nur ungefähr systematisch erfasst und benannt werden können.[2] Da sich der Gewöhnliche Löwenzahn sehr vielgestaltig zeigen kann, ist es zudem nicht einfach zu erkennen, ob man nun eine andere Art, eine standortbedingte Variante oder eine Mutation vor sich hat. Die in Italien mit Puntarelle *(Cichorium intybus)* bezeichnete und beliebte Gemüse- und Salatpflanze ist dem Wiesenlöwenzahn im Geschmack und Aussehen ähnlich, ist aber eine Varietät des Chicorée. Puntarelle ist nicht winterhart und deshalb bei uns im Wildwuchs nicht zu finden. In Griechenland habe ich eine etwas milder schmeckende Taraxacum-Art in Gärten als Gemüsepflanze kennengelernt. Dort heißt sie *Radikia* oder einfach *Horta* (Gras). Der wild vorkommende Löwenzahn wird dort besonders für die beliebte Speise *Chorta* geschätzt.

Biologinnen und Biologen untersuchen zur Unterscheidung auch die *Ploidiestufen*, die Anzahl der in den Zellen vorhandenen Erbinformationssätze *(Chromosomensätze)*. Beim Gewöhnlichen Löwenzahn kommen Arten mit zwei *(diploid)*, drei *(triploid)* oder auch vier *(tetraploid)* Chromosomensätzen vor. Bei Genommutationen *(aneuploid)* sind weitere Chromosomen enthalten oder es fehlen einzelne.[3]

Ursprünglich kommt der Taraxacum-Löwenzahn aus dem westlichen Asien und Europa. Er mag am liebsten etwas kühlere oder gemäßigte Gegenden. Die Pflanze wurde auch in andere Kontinente gebracht und ist in Nordamerika mittlerweile häufig anzutreffen. Es gibt allein in Deutschland über 400 Kleinarten der Gattung Taraxacum, weltweit über 2300. Außer dem Gewöhnlichen Löwenzahn gibt es zum Beispiel den Deutschen Löwenzahn *(Taraxacum germanicum Soest)*, der zu den Sumpf-Löwenzähnen *(Palustria)* gehört und in seiner Art gefährdet ist.[4]

Manche Löwenzahnarten, wie der Rosa Löwenzahn *(Taraxacum pseudoroseum)* aus dem Gebirge Zentralasiens oder der Pflaumenfarbene Löwenzahn *(Taraxacum bellicum)* weichen farblich ab. Taraxacum sect. Mongolica *(Taraxacum albidum)* ist sogar fast weiß.

Hervorzuheben ist der Russische Löwenzahn *(Taraxacum kok-saghyz)* aus dem Kaukasus, der besonders viel Pflanzengummi enthält. Insbesondere im Zweiten Weltkrieg wurden Forschungen betrieben, dieses Pflanzengummi zu nutzen. Mittlerweile wird wieder intensiv daran geforscht, um den Kautschukanteil in der Wurzel zu erhöhen und Anbau und Ernte wirtschaftlich zu gestalten (siehe auch Seite 31 ff). Hier wurden schon verschiedene Arten züchterisch gekreuzt. Kautschukanteil, Wurzelgröße, Wachstums- und Ernteeigenschaften konnten schon erfolgreich für die Kautschukgewinnung optimiert werden.

Löwenzahnmutation

Blattformen des Wiesenlöwenzahns.

Der Gemeine Wiesenlöwenzahn

Der Wiesenlöwenzahn ist die am häufigsten bei uns vorkommende Art und auf der gesamten Nordhalbkugel der Erde heimisch. Es ist eine ausdauernde Pflanze, das heißt, er wächst über mehrere Jahre und blüht mehrfach im Jahr.[5] Auf der Südhalbkugel ist er seltener, ist in Südamerika jedoch auch als Heilpflanze bekannt.[6]

Der Löwenzahn verwandelt im Frühling manche grüne Wiese in gelbe Blütenteppiche. Im Sommer blüht er seltener, da er ein sogenannter Kurztagesblüher ist; an den längeren Sommertagen legt er eine Blühpause bis zum Herbst ein.[7] In den letzten Jahrzehnten hat sich diese Pflanze stark ausgebreitet. Sie wächst besonders üppig auf nährstoffreichen und überdüngten Wiesen. Löwenzahn kann allerdings auch wachsen, wo anscheinend kaum Erde vorhanden ist; selbst in Mauerritzen, auf Schutthalden und Brachflächen sieht man Löwenzahn blühen.

Löwenzahn wächst üppig in Steinritzen, wenn man ihn lässt.

Pfahlwurzeln des Löwenzahns.

Aussehen und Merkmale

Die fleischigen Pfahlwurzeln des Löwenzahns wachsen bis zu einem Meter und teilweise sogar zwei Meter tief in den Boden. Die Wurzeln sind außen dunkelbraun, innen weiß und enthalten, wie alle Teile der Pflanze bis auf die Blüte, einen weißen Milchsaft. Beim Brechen des Stängels, der Blätter oder der Wurzel tritt dieser aus und kann hartnäckige Flecken auf der Haut oder der Kleidung hinterlassen. Die Wurzel ist der Energiespeicher der Pflanze, überdauert mehrere Jahre und verholzt nicht. Aufgrund der tiefen Wurzeln macht dem Löwenzahn Frost nichts aus. Er kann sich immer wieder aus der Wurzel heraus regenerieren und nachwachsen.

Aus der Wurzel treibt der Spross, aus dem sich dann die Blätter rosettenförmig nah am Boden bilden. Wenn das Gras in den Wiesen höher ist, wachsen auch die Blätter des Löwenzahns aufrechter. Die Blätter können in Größe und Form sehr ver-

Gelb leuchtende Wiesen im Frühjahr, sobald die Sonne scheint.

schieden aussehen. Sie sind länglich, unregelmäßig stark gelappt, unregelmäßig tief eingeschnitten, glatt und unbehaart, gezackt, gezahnt, gesägt und erinnern teilweise an das Gebiss eines Löwen. Aus der Blattrosette wachsen die Blütenknospen im frühen Frühjahr zunächst nah am Boden. Solange es noch Bodenfrost gibt, bleiben Knospen und Blüten unten, um vor Frost geschützt zu sein.

Ab Mitte April sprießt der hohle, glatte Stängel etwa 30 cm bis zu 70 cm in die Höhe und trägt die sonnengelben Korbblüten. Die Blüten bestehen aus bis zu 150 Zungenblüten. Die zu einer Röhre verwachsenen Staubblätter biegen sich an der Narbe nach innen. Die Hauptblütezeit ist April und Mai. Danach findet man fast das ganze Jahr über noch einzelne Blüten. Die Kelchblätter der Blüten schließen sich bei Dunkelheit, bei Regen und starker Trockenheit. Sie öffnen sich, sobald die Sonne scheint.

Nach der Blüte schließen sich die Kelchblätter noch einmal. Im Inneren findet nun eine Verwandlung statt. An den einzelnen Röhrenblüten wachsen die Samen, die sogenannten Achänen, mit den Flugschirmchen heran. Die Zungenblüten sind Scheinblüten, an ihnen wachsen keine Samen. Sind die Samen an den Röhrenblüten reif, öffnet sich die Blüte und der Löwenzahn wird zur Pusteblume. Die Samen werden vom Wind verbreitet oder bleiben durch kleine Häkchen am Fell von Tieren hängen. Jede Blüte kann etwa 150 Samen ausbilden, jede Pflanze bis zu 5000 Samen im Jahr. Sie fliegen mehrere hundert Meter weit und sind mehrere Jahre keimfähig.[8]

Fortpflanzung

Manche Pflanzen mit drei Chromosomensätzen *(triploid)* wie der Wiesenlöwenzahn können sich ungeschlechtlich fortpflanzen. Das bedeutet, dass er ohne Befruchtung *(apomiktisch)* Samenstände bildet, somit genetisch identische Nachkommen.[9] Löwenzahnarten mit zweifachem Chromosomensatz *(diploid)* vermehren sich ausschließlich geschlechtlich.

Menschliche Zellen sind bis auf die Keimzellen diploid. Die Keimzellen enthalten nur einen Chromosomensatz *(haploid)*,

Viele Einzelblüten, zusammengefasst zu einer großen Blüte.

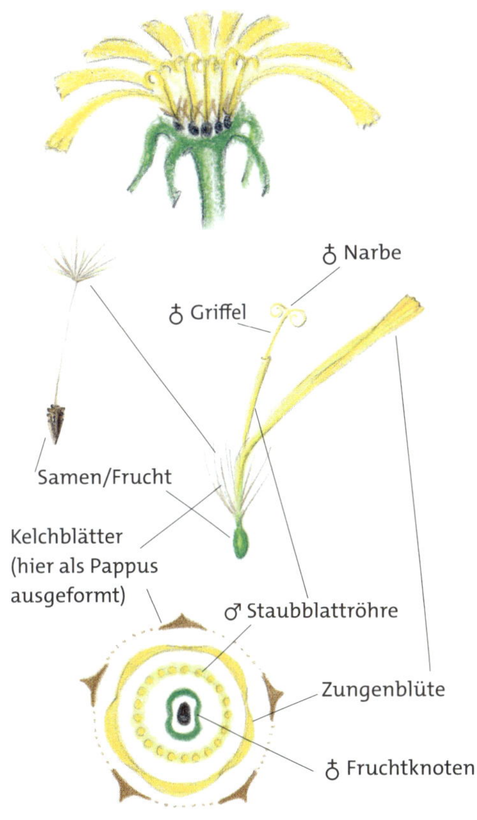

Blütendiagramm und schematischer Aufbau der Blüte.

Löwenzahn braucht keine Bienen zur Fortpflanzung.

weshalb sie sich geschlechtlich, also mit einem Menschen anderen Geschlechts in den Keimzellen fortpflanzen.

Ist eine Pflanze durch Mutation gut an einen Standort angepasst, kann sie schnell identischen Nachwuchs schaffen. Sind die ökologischen Ansprüche dort speziell, kann diese Art wieder verschwinden, wenn sich die Umgebungsbedingungen verändern.[10] Löwenzahn ist eine sehr anpassungsfähige Pflanze. Im Gebirge oder bei Nachtfrost ist er klein und fast stängellos. Nimmt man den gleichen Wurzelstock in eine geschütztere Gegend, kann der Blütenstängel hoch hinauswachsen und große Blätter ausbilden.[11] Diese Flexibilität ist das Erfolgsrezept des Löwenzahns, um an vielen Orten leben zu können.

Ökologische Bedeutung

Löwenzahn kommt häufig dort vor, wo das Gleichgewicht des Ökosystems gestört ist, hilft überdüngte Böden zu heilen und verdichtete Böden zu lockern. Er gilt als Pionierpflanze, macht Brachflächen wieder fruchtbar. Löwenzahn hilft mit seinen Wurzeln Erosion zu verhindern und den Boden zu belüften.

Er gilt als Zeigerpflanze für viel Stickstoff und das daraus entstehende Nitrat im Boden. Zu viel Stickstoff kann übermäßigen Wuchs, sogenannten »Geilwuchs«, bei Pflanzen bewirken, was zu einer verminderten Abwehrkraft und erhöhten Anfälligkeit für Krankheiten führt. Ein hoher Stickstoffgehalt des Bodens kann auch eine Bodenübersäuerung anzeigen und ist meist mit einer geringen Artenvielfalt auf den Wiesen verbunden. Viele

Von der Knospe zur Pusteblume.

weitere für Bienen und andere Insekten wichtige Wildblumen können auf überdüngten, stickstoffhaltigen Böden nicht gedeihen.[12] Löwenzahn ist dann eine wichtige Nahrungsquelle für Insekten.

Außerdem ist der Löwenzahn eine beliebte Speise für Wildtiere wie Kaninchen und Hirsche. Sie fressen gerne Blätter, Stängel und auch die Blüten des Löwenzahns. Das konnte ich beobachten, als ich eine schöne Pflanze auf meinem Grundstück regelmäßig im Wachstum fotografieren wollte, und als die Blätter besonders schön und üppig waren, die ersten Knospen kamen, war sie plötzlich ratzekahl gefressen. Sobald ein paar Blätter neu wuchsen, waren diese wieder abgeknabbert.

Nicht so gern gesehen ist der Löwenzahn im englischen Rasen oder auf Golfplätzen. Landwirtinnen und Landwirte mögen viel Löwenzahn auch nicht gern in der Wiese. Zur Heugewinnung ist er nicht gut geeignet und den Kühen ist er in zu großer Menge zu bitter. In geringer Menge fördert Löwenzahn den Milchfluss der Tiere und ist auch ein guter Infektionsschutz, insbesondere bei Tierhaltung in Ställen.[13]

Wenn man Löwenzahnwurzeln ausgräbt, kann man beobachten, dass viele Regenwürmer direkt an der Wurzel zu finden sind. Storl bezeichnet die Löwenzahnwurzel als »Milchstube der Regenwürmer«. Ganz junge, glasige Würmer wachsen dort heran. Sie tragen dazu bei, dass der Boden fruchtbarer und lockerer wird. Erdbeeren gedeihen neben Löwenzahn besonders gut, und für Kleinvögel und Käfer sind die Samen eine gute und frühe Nahrungsquelle. Aus dem Kraut kann man zudem eine kaliumreiche Jauche für die Pflanzen herstellen.[14]

An den Löwenzahnwurzeln findet man viele Regenwürmer.

Pflanzen wie der Löwenzahn können durch die Kraft der Osmose Steine brechen.

Löwenzahn sprengt sogar Steine. Die Wurzeln des Samenkorns schieben sich in das Erdreich und transportieren Wasser in die Zellen. Der Löwenzahntrieb versucht nun das Tageslicht zu erreichen. Der Wasserdruck von der Wurzel zum Trieb kann in den Zellen bis zu 13 bar betragen. Ein Presslufthammer arbeitet mit einem Druck von etwa 6 bar.[15]

Beim Zeichnen geht es darum genau hinzuschauen. Zeichnen als Wahrnehmungsübung. Das Gehirn und selbst künstliche Intelligenz haben die Formenvielfalt der Pflanzen meist nicht gespeichert, weshalb es viele unrealistische Darstellungen gibt.

Verwechslung mit anderen Pflanzen

Wenn der Löwenzahn noch nicht blüht, kann er leicht mit anderen Wildpflanzen verwechselt werden. Darunter sind jedoch keine, die als giftig gelten. Auf Wiesen wächst neben dem Löwenzahn oft der Wiesenpippau *(Crepis biennis)*, die Blätter der Rosette sind den Löwenzahnblättern ähnlich. Pippau hat allerdings keine Pfahlwurzel, er ist ein Flachwurzler mit feineren Wurzelfäden. Außerdem hat der Pippau mehrere Blüten an einem Stängel und blüht später im Jahr, etwa ab Juni. Die Blätter des Pippau haben keinen weißen Milchsaft und sie schmecken auch nicht besonders gut. Auch das Ferkelkraut *(Hypochaeris radicata)* und der Wiesenbocksbart *(Tragopogon pratensis)* sind gelbe Korbblütler, die auf Wiesen wachsen, deren Blätter, Stängel und Wurzeln sind vom Löwenzahn gut zu unterscheiden. Der Wiesenbocksbart ähnelt dem Wiesenlöwenzahn in Blüte und Samenstand, hat aber lange, schmale Blätter.[16]

Der Herbstlöwenzahn *(Leontodon autumnalis)* wiederum ist dem Wiesenlöwenzahn sehr ähnlich, unterscheidet sich hauptsächlich durch seine Härchen an Blättern und Stängeln. Das ist das Hauptunterscheidungsmerkmal der Taraxacum-Arten zu den Leontodon-Arten. Der Raue Löwenzahn ist eine weitere weit verbreitete Leontodon-Art in Europa. Leontodon wächst eher auf kalkarmen Wiesen und Weiden, Parkrasen, trockenen Salzwiesen und an Wegrändern, generell auf weniger fetten Wiesen als der Wiesenlöwenzahn.

Ferkelkraut hat auch Pfahlwurzeln.

Wiesenbocksbart

Links: Blätter des Wiesenpippaus;
Mitte: Pfahlwurzel des Löwenzahns und daneben Wiesenpippau.

INHALTSSTOFFE

Von der Wurzel bis zur Blüte hat der Löwenzahn wertvolle Inhaltsstoffe.

Löwenzahn schmeckt gut und kann viele Speisen mit seinen wertvollen Inhaltsstoffen aufwerten. Alle Teile der Pflanze sind essbar. Der weiße Milchsaft mit seinen Bitterstoffen ist verdauungsfördernd, kann allerdings in größeren Mengen zu Unverträglichkeiten führen.

Hervorzuheben sind neben den Bitterstoffen der hohe Inulingehalt im Herbst in der Wurzel und der Vitamin- und Mineralstoffgehalt des Krautes. In den Blüten gibt es besonders viel Beta-Carotin (Provitamin A).

Löwenzahn wächst üppig auf überdüngten, nitrathaltigen Wiesen. Nitrat bildet sich aus Stickstoff und Sauerstoff durch die Umwandlung von Bakterien in der Erde oder auch durch Sonneneinstrahlung und Blitzschlag.[17] Löwenzahn nimmt das Nitrat in der Nacht auf und wandelt es mit dem Sonnenlicht am Tag zum überwiegenden Teil zu Proteinen und sekundären Pflanzenwirkstoffen um. Mensch und Tier benötigen Nitrat. Manchmal wird in der Ernährung vor zu viel Nitrat gewarnt, was jedoch nur bei Säuglingen Nachteile bringen könnte.[18]

Die Zusammensetzung der Inhaltsstoffe verändert sich im Laufe der Jahreszeiten. Wachstumsphase und Standort nehmen Einfluss auf die Inhaltsstoffe. Deshalb sind die Werte in der Tabelle auf Seite 38 bis 39 keine festen Werte.

Hier eine Auflistung einiger Inhaltsstoffe im Löwenzahn und deren Wirkungen.[19]

Bitterstoffe

Als Bitterstoffe werden allgemein Stoffe in Pflanzen bezeichnet, die bitter schmecken. Es können sowohl Glykoside, Alkaloide oder Isoprenoide (fettähnliche Stoffe) sein.

Sesquiterpenlactone, wie das *Taraxacin* im Löwenzahn, gehören zu den Isoprenoiden und haben ein weites Wirkspektrum. Es werden pilzhemmende, antibakterielle, zytotoxische[20], antitumorale, entzündungshemmende, tonisierende und allopathische[21] Eigenschaften beschrieben. Auch hormonelle Wirkung wird vermutet. **Taraxacin** ist in Wasser löslich, sodass es herausgewaschen werden kann. Die Wirkung von

Grüne Blätter enthalten viel Chlorophyll.

Taraxacin wird beim Menschen in geringen Mengen als appetitanregend, gallenflussfördernd, leberprotektiv und allgemein verdauungsanregend beschrieben. Der Inhaltsstoff kommt überwiegend in der Löwenzahnwurzel und im Milchsaft der Blätter und Stängel vor.[22]

Ein weiterer Bitterstoff im Löwenzahn ist **Lactukopiktrin**, der in größeren Mengen unbekömmlich ist. Außerdem wurden **Euresmolide** und **Germacronoide** nachgewiesen.[23]

Cumarine im Löwenzahn sind Bitterstoffe, die unter anderem entzündungshemmend sowie beruhigend wirken können.[24]

Die Bitterstoffe können vor dem Verzehr ausgewaschen und gemindert werden. Bitterstoffe sind normalerweise unter Hitzeeinwirkung instabil, das heißt, beim Kochen zersetzen sie sich. Sie dienen der Pflanze vor allem als Fraßschutz. Sobald sie die wertvollen und leckeren Knospen entwickeln, entstehen mehr Bitterstoffe in den Blättern.[25]

Chlorophyll

Chlorophyll ist ein grüner Pflanzenfarbstoff. Es wandelt Sonnenlicht und Kohlendioxid aus der Luft mit Wasser zu Kohlenhydraten um. In Fett oder Öl ist Chlorophyll löslich, nicht aber in Wasser. Es wirkt vitalisierend, blutbildend, entgiftend (insbesondere bei Schwermetallen), radioprotektiv, krebshemmend, antioxidativ, fördert einen regelmäßigen Stuhlgang, ist wundheilungsfördernd, sorgt für einen angenehmen Körpergeruch und beugt, so wird laut Studien vermutet, Demenz vor. Chlorophyll hat eine ganz ähnliche Zusammensetzung wie unser Blut und kann zusammen mit Eisen leicht zu roten Blutkörperchen umgewandelt werden. Im Löwenzahn ist wie in allen grünen Blättern viel Chlorophyll enthalten, ebenso Eisen für die Blutbildung.

Cholin

Cholin *(altgriechisch Galle)* ist für die Funktion der Nerven, das Gehirn und für den Energie- und Fettstoffwechsel zuständig. Cholinmangel kann zu Muskelschäden und Fettleber führen. Mit 35,1 Milligramm Cholin pro 100 Gramm Löwenzahnblättern ist der Gehalt im Löwenzahn über dem von Brokkoli oder Linsen. Cholin ist in großen Mengen in tierischer Leber zu finden.[26] Die Leber von Tieren aus Massentierhaltung ist jedoch oft mit Giften belastet und wird nicht mehr als Cholinlieferant empfohlen.

Außerdem hilft Cholin bei Blutstau in der Leber, Leberverhärtung *(Leberzirrhose)* und bei *Pfortaderstau*.[27] Cholin wird manchmal auch als Vitamin B4 bezeichnet, ist jedoch nur ein vitaminähnlicher Stoff.

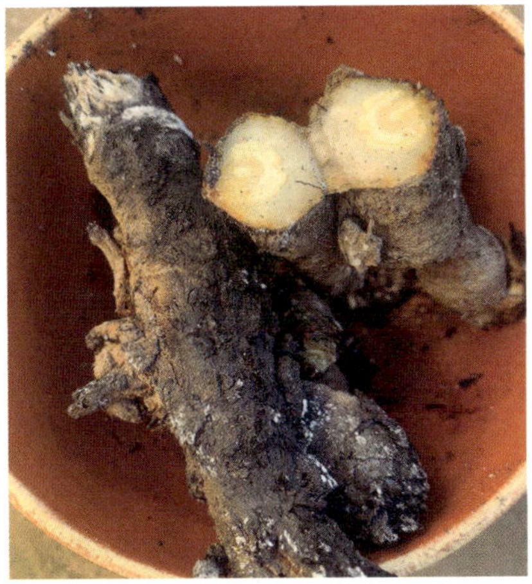

Löwenzahnwurzeln enthalten im Herbst besonders viel Inulin, sie schmecken ähnlich wie Schwarzwurzeln; hier gebackene Wurzeln.

Inulin

Inulin ist ein Vielfachzucker, der den Pflanzen als Energiespeicher dient. Inulin wird in der Diabetes-Therapie eingesetzt, da es den Blutzuckerspiegel nicht beeinflusst. Außerdem regt es die Bauchspeicheldrüse an. Insbesondere Wurzeln und Blätter des Löwenzahns werden Zuckerkranken als Diätkost empfohlen.[28] Inulin kann im Dünndarm nicht aufgespalten werden, gelangt unverändert in den Dickdarm. Dort wird es von Bifidusbakterien durch Fermentation in Energie umgewandelt. So können sich die für die Darmflora wichtigen Bakterien vermehren. Inulin wird deshalb als Präbiotikum bezeichnet. Bei diesem Vorgang entstehen Gase, die Flatulenzen oder Blähungen hervorrufen können und unangenehm sein können. Deshalb sollte man darauf achten, nicht zu viel davon zu sich zu nehmen.[29] In der Wurzel des Löwenzahns ist im Herbst bis zu 40 Prozent Inulin enthalten. Im Frühjahr überwiegt Fructose (bis zu 18 Prozent), und der Inulingehalt reduziert sich zu etwa zwei Prozent.[30]

Flavonoide sind für die gelbe Farbe der Blüten verantwortlich.

Flavonoide

Flavus stammt aus dem Lateinischen und bedeutet *blond* oder *gelb*. Flavonoide gehören zu der Stoffgruppe der Polyphenole. In der Pflanze sind sie vermutlich wichtig für die Photosynthese, für den UV-Schutz und allgemein zur Abwehrstärkung. Beim Menschen wirken Flavonoide abwehrstärkend und schützen vor freien Radikalen, sodass eine krebshemmende Wirkung vermutet wird.[31] Insbesondere bei Leberbeschwerden, zur Krebsprophylaxe, bei Entzündungen und als Schutz während einer Strahlentherapie werden Flavonoide unterstützend eingesetzt.

Mineralien und Spurenelemente

Kalium: Das Mineral Kalium benötigt der Körper zur Regulierung des Wasserhaushaltes und der Muskeltätigkeit. Das Kalium im Löwenzahn wirkt stark harntreibend und führt dem Körper gleichzeitig Mineralien zu, die durch eine Durchspülungstherapie verloren gehen könnten.

Kalzium benötigen wir für Zähne und Knochen und ist für Muskel- und Nerventätigkeit wichtig. Ein Kalziummangel schwächt die Knochen. Ein zu hoher Kalziumgehalt im Blut kann auf Knochenabbau hinweisen. Bettlägerigkeit, entwässernde Medikamente, lithiumhaltige Medikamente, die für psychische Erkrankungen eingesetzt werden, Medikamente zur Tumorbehandlung und cortisonhaltige Medikamente können für einen Abbau von Kalzium verantwortlich sein.[32]

Kupfer ist ein lebenswichtiges Spurenelement für die Versorgung der Zellen mit Sauerstoff. Aufbau von Knochen, Pigmentierung der Haut. Nerven und Gehirnfunktionen benötigen Kupfer. Enzyme enthalten Kupfer, zur Bildung roter Blutkörperchen wird das Metall gebraucht, und im Immunsystem ist Kupfer für die Bildung von Antikörpern wichtig. 260 Mikrogramm Kupfer sind in 100 Gramm Löwenzahn enthalten.[33]

Eisen ist für die Bildung der roten Blutkörperchen *(Hämoglobin)* notwendig und somit für den Transport von Sauerstoff zu den Zellen. Eisenmangel führt zu Schwäche und Müdigkeit.

Das seltene Halbmetall Bor.

Durch hohen Blutverlust durch Verletzungen oder durch starke Regelblutungen kann ein erhöhter Eisenbedarf entstehen. Entzündungen im Körper können zu Eisenmangel führen. Löwenzahn hat einen hohen Eisengehalt, der in Kombination mit dem enthaltenen Chlorophyll der Blätter gut aufgenommen werden kann.

Zink: Das Spurenelement Zink kommt in Haut, Haaren, Knochen, Augen, Leber und in den männlichen Fortpflanzungsorganen vor. Zink ist wichtig für Zellteilung und Zellwachstum, unterstützt das Immunsystem, es soll antioxidativ wirken, den Blutzuckerspiegel regulieren, die Bildung von Hämoglobin und Spermien fördern, zudem hormonbildend wirken. Der Zinkgehalt im Löwenzahn wird bei 100 Gramm mit etwa 1,2 Milligramm angegeben.[34]

Bor *(Natriumborat)* ist ein basisches Halbmetall und gilt in der Alternativmedizin als essenzielles (Ultra-)Spurenelement.[35] In der Landwirtschaft wird Bor in Böden eingebracht, um pflanzliche Zellwände zu stabilisieren. Bei Mensch und Tier ist Bor überwiegend in Knochen und Zähnen enthalten. Das Salz des Bors, Borax, gibt es als Nahrungsergänzungsmittel in Europa nur noch in der Schweiz im Handel. Es wurde früher in Deutschland als Allzweckmittel zum Waschen, zur Insektenabwehr, als Desinfektions- und Hautpflegemittel genutzt. Es hilft gegen Ameisen oder Rost und dient zudem als Flussmittel beim Löten.

Außer für kräftige, weiße Zähne und zur Knochenstärkung, wird Bor zur Wundheilung und zur Hormonbildung empfohlen. Es soll einen geringen Testosteronspiegel bei Männern erhöhen und positiv auf den Östrogenspiegel bei Frauen nach den Wechseljahren wirken.[36] Außerdem soll es Vitamin D im Körper aktivieren können und die Aufnahme von Kalzium und Magnesium fördern. Bor soll entzündungshemmende Wirkung haben und Schmerzen bei Arthrose und Arthritis lindern. Selbst die Gehirnfunktionen sollen damit verbessert werden. Außerdem wurden krebshemmende Eigenschaften in Laborstudien festgestellt.[37] Bor ist in Pflanzen und besonders reichhaltig in Löwenzahnblättern enthalten.[38] Acht bis zehn Milligramm Bor wurden in 100 Gramm Löwenzahn gemessen.[39] Obwohl bisher als Heilmittel keine schädlichen Auswirkungen am Menschen

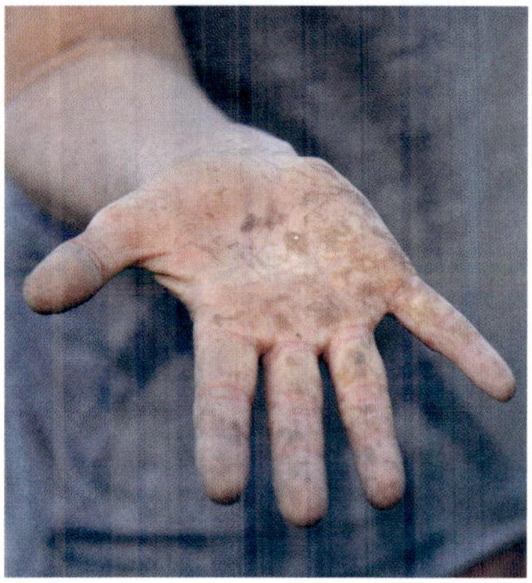

Der klebrige Milchsaft im Löwenzahn verfärbt sich dunkel. Man kann diese Eigenschaft bewusst nutzen.

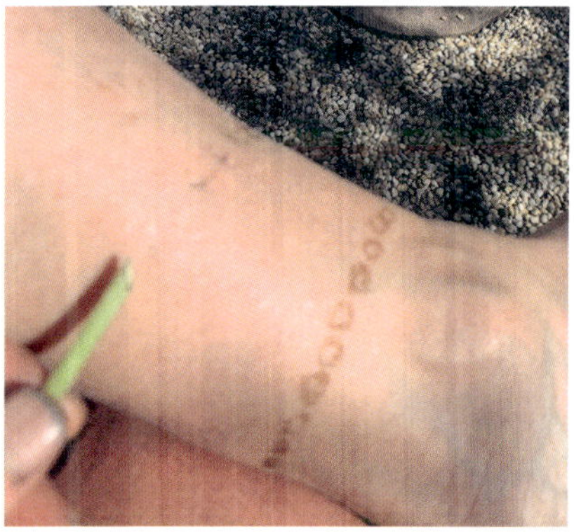

dokumentiert sind, es als Reinigungsmittel und Insektenschutz umweltschonend wirkt, wurde durch eine EU-Verordnung der Handel für private Zwecke von Borax seit 2008 verboten. Begründet wird das Verbot damit, dass bei Studien mit Ratten Bor in höheren Dosen gesundheitsschädlich gewesen sein soll, zur Konservierung von echtem Kaviar ist es allerdings erlaubt.[40] Das Bundesinstitut für Risikobewertung kommt zu dem Schluss, dass eine Schädigung durch das Nahrungsergänzungsmittel unwahrscheinlich ist.[41] Auch das EFSA (European Food Safety Authority) kam 2013 zu dem Schluss, dass Borsäure und Natriumtetraborat keinen Anlass zur Besorgnis hinsichtlich der Genotoxizität zeigt.[42] Warum der Handel mit Bor sogar als Reinigungsmittel verboten wurde, konnte mir auf Nachfrage nicht beantwortet werden.[43]

Polyphenoloxidase

Dieses Enzym bewirkt in Verbindung mit Sauerstoff eine Braunfärbung, wie es auch beim Anschneiden von Äpfeln der Fall ist. Wird die Pflanze verletzt, tritt der Stoff aus, verklebt die verletzte Stelle und verfärbt sich nach einiger Zeit dunkel.[44] Bei meinen Flechtexperimenten mit dem Löwenzahnstängel oder beim Kordeldrehen werden die Stängel an den geknickten Stellen nach einiger Zeit braun. Außerdem entsteht ein spezieller, leicht urinartiger Geruch, der lange bestehen bleibt. Mit dem frischen Milchsaft kann man sich Muster auf die Haut drucken, die ähnlich wie Verzierungen mit Henna aussehen (siehe Seite 188–189).

Es wird vermutet, dass der Löwenzahn eine ungewöhnlich große Genfamilie aus Polyphenoloxidasen besitzt – von denen vier *Tyrosinasen* (Kupfer-Verbindungen) sind. Sie kommen auch beim Menschen vor und sind mitunter für die Bildung von Melanin und für die Pigmentierung der Haut zuständig. Dieses für Pflanzen ungewöhnliche Enzym könnte dafür mitverantwortlich sein, dass der Löwenzahn so gut wie nie krank wird, da es in weiteren Verbindungen mit Sauerstoff antimikrobiell wirkende Stoffe produzieren könnte.[45] Durch eine gezielte

Mutationsanregung *(Tilling)* wurde am Fraunhofer IME eine Löwenzahnart gezüchtet, die keine dieser Polyphenoloxidasen bildet. Diese haben den Vorteil, dass der Latex der Pflanze flüssig bleibt und als Nebeneffekt keine dunklen Flecken auf Haut und Kleidung hinterlässt.[46]

Tiere spüren, was ihnen gut tut.

Selen

Ein weiterer bedeutender Inhaltsstoff im Löwenzahn ist Selen. Insbesondere für die Schilddrüse spielt Selen eine wichtige Rolle. Ein chronischer Selenmangel kann eine Schilddrüsenunterfunktion zur Folge haben. Zudem ist Selen Bestandteil antioxidativ wirkender Enzyme in unserem Körper.[47]

Vitamine

Vitamine sind organische Verbindungen. Bakterien, Pflanzen und Pilze können diese Stoffe selbst produzieren. Tiere und Menschen nehmen überwiegend Vitamine oder Vorstufen der Vitamine mit der Nahrung auf. Vitamine sind lebenswichtig.

Provitamin A: Diesen auch *Carotinoid* genannten gelben bis rötlichen Pflanzenfarbstoff gibt es im Löwenzahn in großen Mengen vor allem *als Beta-Carotin*. Die Carotinoide *Lutein* und *Zeaxanthin* finden sich besonders in den Blütenblättern des Löwenzahns. Carotinoide wirken antioxidativ. Erkrankungen wie Krebs, Arteriosklerose, Rheuma, Alzheimer, Parkinson und Grauer Star können vermutlich mit dem Provitamin A aufgehalten werden. In der Leber, in der Netzhaut der Augen, in der Haut und im Fettgewebe kommen Carotinoide in hoher Konzentration vor, da diese Bereiche Umwelteinflüssen besonders stark ausgesetzt sind.[48]

Lutein kann die Sehschärfe insbesondere bei Dunkelheit verbessern. Es wird vermutet, dass es im Gehirn von Säuglingen für die visuelle und kognitive Entwicklung wichtig ist. Der visuelle und kognitive Abbau bei älteren Menschen kann möglicherweise mit Lutein aufgehalten werden. Lutein wirkt

Die Schönheit von Pflanzen zu betrachten ist heilsam.

Arteriosklerose entgegen, unter anderem durch die Senkung entzündungsfördernder *Zytokine*. Vermutlich spielt Lutein auch beim Schutz der Haut vor UV-Schäden und Hautalterung eine Rolle.[49]

50 bis 100 Gramm Löwenzahn decken den Vitamin A-Bedarf eines Erwachsenen. Schwangere und stillende Frauen haben einen erhöhten Vitamin A-Bedarf. Vitamin A ist licht- und hitzeempfindlich. Es werden durch Erhitzen bis zu 20 Prozent des Vitamins zerstört.

Vitamin C: Gut 150 Gramm Löwenzahn pro Tag decken den Vitamin C-Bedarf des Menschen. Das als *Ascorbinsäure* bekannte Vitamin ist wichtig für den Aufbau der Knochen und für eine gute Immunabwehr. Das Vitamin regelt den Kalzium- und Phosphorhaushalt im Körper. Bei Kindern können Knochenverformungen, bei Erwachsenen *Osteomalazie* (Knochenerweichung) eine Folge von Vitamin C-Mangel sein. Auch Zahnfleischbluten entsteht mitunter aufgrund von zu wenig Vitamin C. Durch Erhitzen wird Vitamin C teilweise abgebaut.

Vitamin K: Löwenzahn ist die Pflanze, bei der ein besonders hoher Vitamin K-Gehalt nachgewiesen wurde.[50] Das fettlösliche Vitamin beeinflusst die Blutgerinnung. Ein Mangel kann zu stärkeren Blutungen bei Verletzungen führen. Der Knochenabbau im Alter wird zudem von Vitamin K gehemmt.[51]

Vitamin E: Das Vitamin gilt als Radikalfänger. Es schützt Haut und Haare, soll Krebs, Alzheimer, Diabetes und Unfruchtbarkeit vorbeugen. Von diesem Vitamin gibt es auch bemerkenswerte Mengen im Löwenzahn.

Vitamin B1: *Thiamin* ist für Nerven, das Gehirn und den Energiestoffwechsel lebensnotwendig. Außerdem ist es an Zellfunktionen, Heilungs- und Wachstumsprozessen sowie bei unseren Muskelaktivitäten beteiligt. Das Vitamin wird für die Signalübertragung in den Nerven gebraucht und ist auch für die Bildung des sogenannten Glückshormons *Serotonin* mitverantwortlich.[52] Zudem wird Vitamin B1 für den Glucosestoffwechsel gebraucht. Reiner Zucker oder Weißmehl gelten als Vitamin-B1-Verbraucher. Kohlenhydrate in ihrer natürlichen Form und Zusammensetzung liefern reichlich Vitamin B1. Löwenzahn enthält überdurchschnittlich viel Vitamin B1.

Vitamin B6: *(Pyridoxin)* ist ebenso in größerer Menge im Löwenzahn enthalten. Es unterstützt uns bei der Eiweißverdauung und ist an der Bildung von Neurotransmittern beteiligt. Insbesondere, wer viel Eiweiß zum Muskelaufbau zu sich nimmt, hat einen erhöhten Vitamin B6-Bedarf.[53] Außerdem enthält Löwenzahn weitere B-Vitamine in bemerkenswerter Konzentration: B2 (Riboflavin), B3 (Niacin), B5 (Pantothensäure), B7 (Biotin), B9 (Folsäure).

Im Milchsaft (Latex) des Russischen Löwenzahns ist Gummi enthalten. Beim Brechen der getrockneten Wurzel zieht der begehrte Inhaltsstoff Fäden.

Kautschuk

Naturkautschuk ist ein gummiartiger Stoff, der im Milchsaft *(Latex)* des Löwenzahns enthalten ist. Der Latex wird als kolloidale Dispersion (griechisch *kolla* »Leim«) bezeichnet. Wichtigster Kautschuklieferant ist bisher der Kautschukbaum *(Hevea brasiliensis)*. Kautschuk wird bei großer Hitze klebrig und bei Kälte spröde und ist dann wenig elastisch. Durch verschiedene Verfahren und Zutaten wird Elastizität und Temperaturempfindlichkeit verbessert. Kautschuk ist ein begehrter Rohstoff für viele Produkte, insbesondere im Bereich Transport und Mobilität. Die Beschaffung führt noch immer zu Kriegen und Ausbeutung.

Unser heimischer Wiesenlöwenzahn *(Taraxacum sect. Ruderalia)* enthält nur wenig Kautschuk. Hauptsächlich ist er im Milchsaft in den Wurzeln enthalten, die im Herbst geerntet werden. Durch Züchtungen und Kreuzungen mit dem kautschukreichen Russischen Löwenzahn *(Taraxacum kok-saghyz)* konnte der Ertrag um ein Vielfaches gesteigert werden. In Deutschland wird mit Löwenzahn geforscht, um Kautschuk in wirtschaftlich vertretbarer Weise gewinnen zu können. Die Geschichte des Kautschukanbaus und der Forschungen mit Löwenzahn gibt einen Einblick, welche Bedeutung einzelne Pflanzen für Politik und Weltwirtschaft haben. Deshalb nachfolgend ein kleiner Exkurs über die Geschichte des Kautschuks und den heutigen Forschungsstand.

Exkurs: Löwenzahn-Kautschuk

Ursprüngliche Nutzung des Kautschuks

Schon etwa 1600 Jahre vor unserer Zeitrechnung haben Völker Mittelamerikas Naturkautschuk aus Pflanzen gewonnen. Rituelle Ballspiele mit einem Vollgummiball aus Kautschuk, der vermutlich die Sonne symbolisieren sollte, sind von den Azteken überliefert. Durch eine spezielle Räucherung wurde der Kautschuk stabilisiert und beständiger gemacht. Die Urvölker verwendeten den Kautschuk auch für Dinge des täglichen Gebrauchs wie für Sohlen, Stiefel, Kleidung, Schläuche, Gummiringe oder Gefäße.[54]

Ballspielplatz in Uxmal in Yukatan (Mexiko). Es wird vermutet, dass Konflikte per Ballspiel gelöst wurden.

Kautschuk-Gier

Die europäischen Eroberer und Einwanderinnen Amerikas konnten zunächst nicht viel mit dem Latex des Kautschukbaumes *(Hevea brasiliensis)* anfangen: Radiergummi, Gummistiefel und Regenmäntel. Bis aus Kautschuk stabiles Gummi hergestellt werden konnte, dauerte es noch. Durch die Entwicklung der sogenannten Vulkanisation stiegen die Möglichkeiten der Nutzung, insbesondere durch Dunlops Entwicklung von luftgefüllten Reifen für Fahrräder und Autos im Jahr 1888.[55] Automobile und Flugzeuge wurden in dieser Zeit zu wichtigen Transportmitteln. Der darauffolgende Kautschukboom, eine regelrechte Gier nach dem Rohstoff, führte im Amazonasgebiet zu viel Reichtum für ein paar wenige, die Ausbeutung zu unvorstellbarem Leid für viele Menschen. Es gab gewaltsame Landenteignungen, Versklavungen, bis zu grausamem Völkermord mit Massakern, wie er zum Beispiel noch im 20. Jahrhundert von Putumayo im Amazonasgebiet dokumentiert ist.[56]

Ende des 19. Jahrhunderts begann die chemische Herstellung von Gummi. In den 30er-Jahren vor dem Zweiten Weltkrieg wurden Fabriken errichtet und tonnenweise synthetischer Kautschuk (sogenannter *Buna)* hergestellt. Doch reichten weder die Mengen noch die Qualität, zumal Buna weniger abriebfest als Naturkautschuk ist.[57]

Bild links: Löwenzahnzüchtungen für die Kautschukgewinnung. Große Wurzeln für mehr Ertrag.

Vor dem Krieg ein wichtiges Propagandamittel der Nationalsozialisten, der Volkswagen. Als der Krieg begonnen wurde, gab es den Vorgänger, damals noch KdF-Wagen genannt (Abkürzung für *Kraft durch Freude*), hauptsächlich für Offiziere mit geländegängiger Bereifung. Ferdinand Porsche gilt als Urheber des Modells. Dass die Bereifung Löwenzahnkautschuk enthält, wäre durchaus möglich.

Kautschukforschung in Kriegszeiten

Kautschuk wird mittlerweile überwiegend in asiatischen Ländern und Afrika gewonnen, da im Amazonasgebiet eine Pilzkrankheit die Plantagen befallen kann und somit der Anbau in Südamerika zu riskant geworden ist.

Im Ersten Weltkrieg wurde die Beschaffung von Kautschuk im Deutschen Reich schwierig, und die Forschung nach Alternativen begann. Dies spitzte sich im Zweiten Weltkrieg zu, zumal die japanische Regierung asiatische Plantagen beschlagnahmte und für sich beanspruchte.

Der Rohstoff wurde für Mobilität und Kriegsführung entscheidend. So bekam die Kautschukforschung oberste Priorität in den von der NS-Regierung kontrollierten Chemiewerken und Forschungsstellen. Zum großangelegten »Motorisierungsprogramm« der Nationalsozialisten gehörte neben den Autobahnen die eigene Kautschukgewinnung als wichtiger Rohstoff für die Reifen der »Volkswagen«.[58] In der Propaganda wurde der Traum vom eigenen Automobil politisch genutzt.

Russland war in der Forschung mit dem kautschukhaltigen Löwenzahn *kok-saghyz* vorangekommen, zumindest führten die übertriebenen Erfolgszahlen dazu, dass deutsche Forscherinnen und Forscher darauf aufmerksam wurden. Dieses Wissen eigneten sich die Deutschen beim Überfall auf die Sowjetunion an. Russische Fachleute wurden abgezogen, Saatgut und Forschungsunterlagen beschlagnahmt. Auf besetztem sowjetischem Gebiet wurden mithilfe russischer Zwangsarbeiterinnen und Zwangsarbeiter 20 000 Hektar für den Löwenzahnkautschuk bewirtschaftet. 75,5 Tonnen Kautschuk wurden in den Jahren 1943/1944 in Uman (Zentralukraine) produziert.[59] Im Konzentrationslager Auschwitz mussten Kinder und Frauen in den Gewächshäusern für die Löwenzahnzüchtung arbeiten, bis sowjetische Soldaten 1945 die Menschen aus den Lagern befreiten.

Die Arbeitskräfte galten in dieser Zeit als (beseelte) Maschinen. Insbesondere die zugeteilte Kalorienmenge in der Nahrung und die Arbeitsleistung wurden durch tägliche Gewichtskontrollen und Muskelumfangsmessungen »optimiert«. Auch inwieweit Drohungen oder Anreize die Arbeitsleistung steigerten, wurde erforscht. Wobei der »Verschleiß« der Menschen in Kriegsgefangenen- und Konzentrationslagern hingenommen wurde, viele haben diese Ausbeutung nicht überlebt. Bei deutschen Arbeiterinnen und Arbeitern war die Erhaltung der Arbeitskraft und Gesundheit ein Ziel der Forschungen.[60]

Im Konzentrationslager Auschwitz, auf Gut Raisko, wurde mit Löwenzahn geforscht. Hier die Gewächshäuser im Jahr 1941.

Wissenschaftliche Zwangsarbeit in Auschwitz

Wie schon in der Ukraine wurden im Gebiet um Auschwitz-Birkenau die Bewohnerinnen und Bewohner für die landwirtschaftlichen Versuchsstationen und für ein sogenanntes Hygiene-Institut umgesiedelt. Das Gut Raisko wurde das Stammlager für Laboratorien und Pflanzenzucht. Vor allem Frauen waren dort als Wissenschaftlerinnen tätig. Polnische und französische Häftlinge bildeten den Kern der Pflanzenzucht. Die Biologin Claudette Bloch ist hier als beherzte Frau in die Geschichte eingegangen. Sie ließ sich in das Lager einweisen, weil sie nach ihrem deportierten Mann suchen wollte. Sie schaffte es, zur Laborleiterin auf dem Gut Raisko aufzusteigen, und es gelang ihr, weitere Häftlinge von den Todeslagern Auschwitz und Birkenau dorthin zu retten. Auf Gut Raisko waren die Bedingungen so gut, dass sie »fast gesund aussahen« und sogar einen Waschraum hatten, geht aus Berichten hervor. Nach einem Typhus-Ausbruch im Lager Auschwitz wurde darauf geachtet, dass die Forschungsarbeit bei einem erneuten Ausbruch von Krankheiten nicht darunter leiden musste. Außerdem sollten die Zustände dort nicht zu erbärmlich aussehen, zumal des Öfteren wissenschaftlicher Besuch von außerhalb die Arbeit dort besichtigte.[61]

Bei der Einberufung französischer Häftlinge für die Labore fungierte Bloch als Übersetzerin und übersetzte »frei«, sodass die passenden Qualifikationen durch ihre Übersetzung an den Lagerleiter suggeriert wurden. Es bestand jedoch immer die Gefahr, zurückgeschickt zu werden. Die rauchenden Krematorien drohten beständig. So lag die Priorität der Frauen nicht darin, gute Forschungsergebnisse zu liefern, sondern zu überleben.

Der wild wachsende Löwenzahn wächst üppiger als die Züchtungen. Der Anbau ist damals nur durch die massive Ausbeutung der Menschen möglich gewesen.

Aus einer Notiz eines in Auschwitz gefangen gehaltenen Menschen[62]:

»We are like plants full of life and sap, like plants waiting to grow and live, and I cannot help thinking that these plants are not meant to live.«

»Wir sind wie Pflanzen, voller Leben und Saft, wie Pflanzen warten wir darauf, zu wachsen und zu leben, und ich kann nicht anders, als zu denken, dass diese Pflanzen nicht zum Leben bestimmt sind.«

Die Frauen hielten zusammen, betätigten sich am Abend intellektuell und kulturell. Wie Badenheimer in seinem Gefangenenbericht (siehe Seite 61) erzählte, waren gerade die kulturellen Oasen überlebenswichtig. Das Leben kommt zurück beim Träumen von besseren Zeiten, Hoffnung und Bewahren menschlicher Gefühle, das wird aus diesen Berichten deutlich.

Die Forschungsergebnisse waren deshalb eher dürftig und meist bereits in der vor Ort parallel übersetzten russischen Forschungsliteratur aufgeführt. So täuschten die Arbeiterinnen eine Forschung eher vor. Dies fiel lange nicht auf, bis der Wissenschaftler Böhme die Leitung übernahm, die Arbeit überwachte und die Frauen schikanierte. Zunächst hatten die Forscherinnen Hoffnung, diesen doch gebildeten Wissenschaftler davon überzeugen zu können, dass Forschung in autoritären Strukturen nicht möglich ist. Sie appellierten an seinen wissenschaftlichen Geist. Doch auch er dachte nur an seinen eigenen Vorteil.

Nach dem Krieg wurde die Arbeit mit Löwenzahn eingestellt, zumal Anbau und Verarbeitung nur durch Zwangsarbeit, verbunden mit körperlicher Ausbeutung, wirtschaftlich lohnend war.[63] Im Buch »Kalorien, Kautschuk und Karrieren« von Susanne Heim, aus dem ich hier ein wenig zusammengefasst habe, ist die Rolle der Wissenschaft in Kriegszeiten gut dokumentiert.

Aktuelle Forschung: Löwenzahnkautschuk

Besuch in der Uni Münster, Dr. Dirk Prüfer und Löwenzahnzüchtungen.

Am Fraunhofer Institut in Münster wird der Kautschuk im Löwenzahn seit den frühen 2000er-Jahren wieder intensiv erforscht und durch Züchtungen optimiert. Für Reifen, Matratzen, medizinische Produkte, Handschuhe und weitere (mehr als 50 000 Produkte) wird dieser natürliche Gummi benötigt. Es sind mittlerweile Fahrradreifen der Marke Continental mit dem Produktnamen Taraxagum® erhältlich, und auch Reifen-Prototypen für Automobil und Lkw sind im Gebrauch.

Der Gewöhnliche Löwenzahn unserer Wiesen enthält nur sehr wenig Kautschuk, deshalb sollte für die Forschung Saatgut des Russischen Löwenzahns *(Taraxacum kok-saghyz)* besorgt werden. Beinahe wären die Forschungen gescheitert. In ganz Europa wurde in den botanischen Gärten falsch deklariertes Saatgut des vermeintlichen Russischen Löwenzahns gelagert. Dies wurde erst durch Erforschung der Genetik nach mehreren Jahren vergeblicher Züchtung festgestellt. Daraufhin wurde eine Exkursion in den Kaukasus organisiert, um die richtige Pflanze zu finden. Dr. Dirk Prüfer, Leiter der Forschungsgruppe an der Uni Münster, betonte, wie wichtig es ist, ursprüngliche Natur zu erhalten, um auf genetische Ressourcen zurückgreifen zu können.

Der wild wachsende Russische Löwenzahn enthält normalerweise ein bis zwei Prozent Kautschuk. Die Pflanze stammt aus Kasachstan, wo die Wurzel als »grüner Kaugummi« bezeichnet wird. Durch Züchtung konnte der Anteil auf 16 Prozent gesteigert werden. Dafür wurde *kok-saghyz* mit unserem heimischen Wiesenlöwenzahn gekreuzt, um größere kautschukhaltige Wurzeln zu erhalten. Weitere Forschungen, um den Ertrag weiter zu steigern, werden vom Landwirtschaftsministerium im Projekt Takowind gefördert. Der heimische Anbau und die Herstellung des Löwenzahnkautschuks, soll damit gefördert werden.[64]

Es gibt mittlerweile eine gute weltweite Zusammenarbeit insbesondere mit russischen Wissenschaftlerinnen und Wissenschaftlern. Politische Auseinandersetzungen erschweren mitunter den Austausch. Vermutlich gab es sogar politisch motivierte Vorschläge, den Russischen Löwenzahn umzubenennen. »Da kann die Pflanze doch nichts dafür!« war der Kommentar von Dr. Prüfer, als die Bedeutung der Pflanze in der Nazidiktatur in einem Zeitungsartikel der Zeit Thema war. Dem Löwenzahn-Titelfoto wurde auf reißerische Weise ein Nazisymbol aufgesetzt.

Heute sind es außer wirtschaftlichen Gründen ökologische und humanitäre, warum auf den Löwenzahn gesetzt wird. Denn in vielen Ländern wie Thailand oder Kambodscha wird noch immer Land und Lebensraum für Menschen und Tiere durch die Kautschuk-Plantagen zerstört. Dies wird unter anderem in der Dokumentation »Autoreifen – Ein schmutziges Milliardengeschäft« vom WDR/NDR deutlich.[65] Der Kautschukanbau in

Oben: Züchtungen in Einmachgläsern.
Darunter: Russischer Löwenzahn links und Wiesenlöwenzahn rechts.

Fahrradreifen aus Löwenzahnkautschuk von der Firma Continental.

Kautschuk in den Wurzeln erkennt man beim Brechen der Wurzel.

Typische Ausformung der Hüllblätter beim Russischen Löwenzahn.

Plantagen ist zudem gefährdet. Die Blattfallkrankheit, die den Plantagenanbau in Brasilien sehr eingeschränkt hat, wurde mittlerweile auch in Afrika festgestellt und könnte sich ausbreiten. Das könnte die Bedeutung des Löwenzahnkautschuks noch erhöhen.

Das Projekt wurde lange belächelt, doch das mittlerweile 40-köpfige Forschungsteam schaffte es, zusammen mit dem Reifenhersteller Continental, dem Pflanzenzuchtbetrieb Eskusa und beteiligten Landwirtinnen und Landwirten, die Pflanze zu einer wichtigen Ressource für Kautschuk heranzuzüchten und anzubauen. In den Jahren 2014 und 2015 erhielten die Entwickler und Forscherinnen für ihre Arbeit Nachhaltigkeitspreise und wurden 2021 für den bedeutenden Deutschen Zukunftspreis nominiert. Presse und Fernsehen waren daraufhin sehr interessiert. Im April 2024 gab es in der beliebten *Sendung mit der Maus* vom WDR einen anschaulichen, gut verständlichen Beitrag über die Löwenzahn-Reifenherstellung, sodass zumindest viele Kinder Löwenzahn und Kautschuk in Verbindung bringen.[66]

Löwenzahnzüchtungen

Die Firma Eskusa bei Regensburg durfte ich besichtigen. Der Gründer und Betriebsleiter Dr. Fred Eickmeyer züchtet und erntet Löwenzahn insbesondere für die Kautschukgewinnung.[67] Die Züchtungen werden gekreuzt, indem die unterschiedlichen Blüten aneinander gerieben werden. »Puscheln« nennen es die Mitarbeitenden bei Eskusa. Das wurde einzeln per Hand gemacht. Schwierig war es, den kautschukreichen Russischen Löwenzahn mit dem wurzelstarken, einheimischen Löwenzahn zu kreuzen.

Der Russische Löwenzahn hat zwei Chromosomensätze und ist ein Fremdbefruchter. Er braucht also andere Pflanzen, um sich zu vermehren. Unser Wiesenlöwenzahn ist eine Pflanze mit drei Chromosomensätzen und benötigt keine andere Pflanze, um sich weiter zu vermehren, ein *Apomikt*, es entsteht sogenanntes muttergleiches Saatgut ohne Befruchtung. Dennoch hat es das Team von Eickmeyer nach einigen Versuchen geschafft, ein paar Samen aus vielen hundert Kreuzungen dieser beiden Pflanzenarten zu gewinnen. Der Start einer neuen wurzelstarken und kautschukreichen Löwenzahnpflanzenkultur.

Der Anbau des gezüchteten Löwenzahns in Plantagen gestaltet sich schwierig, da es keinen speziellen Pflanzenschutz für Löwenzahn gibt. Gängige Herbizide bekämpfen den Löwenzahn. Durch jahrelange Erfahrung konnte der Anbau und die Erntetechnik verbessert werden. Ein guter Kontakt mit den beauftragten Landwirtinnen und Landwirten war ein wichtiger Faktor für den Erfolg. Es wurde zum Beispiel festgestellt, dass die Winterkultur stärkere Pflanzen als die Frühjahrsaussaat bringt und somit bessere Erträge.

Das Saatgut muss trocken und dunkel gelagert werden, Löwenzahn ist ein Lichtkeimer. Um die Aussaat zu verbessern, bekommt der Samen eine Hülle aus Feuchtigkeit haltender, keimwidriger Pilliermasse.

Eine Pusteblumen-Absaugmaschine hat der Pflanzenzüchter erfunden. Mit diesem Gefährt wird die verblühte Pflanze abgesaugt, die Flügelchen in einer Art Zyklonwirbel abgetrennt und der Samen aufgefangen. Auch eine spezielle Wurzelerntemaschine gibt es, um die tiefwachsenden Wurzeln aus der Erde zu ziehen. Dafür muss die Erde etwa 30 cm tief gelockert werden. Die Wurzeln werden für einen guten Ertrag im Sommer geerntet.

In den USA wird mittlerweile ein hoher Betrag aus dem Topf des Militärhaushaltes für Löwenzahnforschung bereitgestellt. Auch in Deutschland gibt es Einiges an staatlicher Unterstützung, da dieser Rohstoff für Wirtschaft und Mobilität wichtig ist und synthetisch in der notwendigen Qualität, insbesondere für Lkw-Reifen, noch immer nicht hergestellt werden kann.[68]

Aussaat in Reihen für eine einfachere Ernte. Darunter: Züchtungen im Gewächshaus.

In Zusammenarbeit mit den Landwirten werden weitere Züchtungen auf dem Feld getestet.

Inhaltsstoffe des Löwenzahns im Vergleich

Inhaltsstoff pro 100 g	Löwenzahn	Chicoree, roh	Apfel, roh	Banane, roh	Tofu, roh
Nährwerte					
Energie	29 kcal/ 123 kJ	17 kcal/73 kJ	61 kcal/255 kJ	90 kcal/375 kJ	77 kcal/323 kJ
Fett	620 mg	180 mg	49 mg	180 mg	4780 mg
Kohlenhydrate	2438 mg	2444 mg	14350 mg	20030 mg	500 mg
Eiweiß (Protein)	3130 mg	1220 mg	340 mg	1150 mg	8080 mg
Salz	165 mg	10 mg	3 mg	3 mg	18 mg
Ballaststoffe	3020 mg	1300 mg	2010 mg	2000 mg	500 mg
Mineralstoffe	1550 mg	790 mg	320 mg	830 mg	720 mg
Vitamine					
Vitamin A Retinoläquivalent	1317 µg	572 µg	5 µg	5 µg	4 µg
Vitamin A Beta-Carotin	7900 µg	3430 µg	29 µg	31 µg	25 µg
Vitamin E Alpha-Tocopheroläquivalent	2500 µg	100 µg	490 µg	270 µg	500 µg
Vitamin E Alpha-Tocopherol	2500 µg	100 µg	490 µg	270 µg	500 µg
Vitamin B1 Thiamin	190 µg	58 µg	11 µg	44 µg	60 µg
Vitamin B2 Riboflavin	170 µg	36 µg	9 µg	57 µg	30 µg
Vitamin B3 Niacin, Nicotinsäure	800 µg	240 µg	300 µg	650 µg	500 µg
Vitamin B3 Niacinäquivalent	1867 µg	590 µg	350 µg	950 µg	2300 µg
Vitamin B5 - Pantothensäure	250 µg	400 µg	100 µg	230 µg	215 µg
Vitamin B6 - Pyridoxin	200 µg	48 µg	43 µg	363 µg	115 µg
Vitamin B7 - Biotin (Vitamin H)	0.7 µg	5.0 µg	5.0 µg	5.0 µg	5.0 µg
Vitamin B9 - gesamte Folsäure	40 µg	50 µg	5 µg	14 µg	60 µg
Vitamin C - Ascorbinsäure	67778.000000 µg	8689.000000 µg	12000.000000 µg	11000.000000 µg	100.000000 µg
Mineralien					
Natrium	76 mg	4 mg	1 mg	1 mg	7 mg
Kalium	501 mg	198 mg	119 mg	367 mg	42 mg
Calcium	168 mg	26 mg	5 mg	7 mg	130 mg
Magnesium	37 mg	13 mg	5 mg	30 mg	110 mg
Phosphor	66 mg	26 mg	11 mg	22 mg	110 mg
Schwefel	17 mg	13 mg	6 mg	13 mg	25 mg
Chlorid	100 mg	25 mg	2 mg	109 mg	16 mg
Spurenelemente					
Eisen	3380 µg	740 µg	248 µg	440 µg	1900 µg
Zink	830 µg	163 µg	38 µg	644 µg	300 µg
Kupfer	260 µg	101 µg	52 µg	390 µg	17 µg
Mangan	920 µg	300 µg	43 µg	186 µg	350 µg
Fluorid	70 µg	70 µg	9 µg	51 µg	10 µg
Jodid	3.0 µg	1.0 µg	0.8 µg	3.0 µg	1.0 µg
Kohlenhydrate					
Glucose (Traubenzucker)	1274 mg	1257 mg	2590 mg	3546 mg	/
Fructose (Fruchtzucker)	556 mg	700 mg	7323 mg	3402 mg	/
Monosaccharide (1 M)	1830 mg	1957 mg	9913 mg	6948 mg	/
Saccharose (Rübenzucker)	519 mg	439 mg	3250 mg	10320 mg	495 mg
Disaccharide (2 M)	519 mg	439 mg	3250 mg	10320 mg	495 mg
Zucker (gesamt)	2349 mg	2396 mg	13163 mg	17268 mg	495 mg
Stärke	91 mg	1490 mg	766 mg	2760 mg	100 mg
Polysaccharide (> 9 M)	91 mg	48 mg	766 mg	2760 mg	5 mg
Sorbit (Zuckeralkohol)	/	/	421 mg	/	/

Datenquelle: Bundeslebensmittelschlüssel (BLS), zusammengestellt von vitamine.com. Zugriff: 18.1.2023: www.vitamine.com/lebensmittel und Simonsohn, Barbara: Löwenzahn, Seite 37.

Inhaltsstoff pro 100 g	Löwenzahn, roh	Chicoree, roh	Apfel	Banane	Tofu, roh
Ballaststoffe					
Poly-Pentosen	393 mg	221 mg	361 mg	274 mg	125 mg
Poly-Hexosen	423 mg	156 mg	178 mg	802 mg	183 mg
Poly-Uronsäure	725 mg	468 mg	859 mg	600 mg	70 mg
Cellulose	1359 mg	416 mg	602 mg	370 mg	120 mg
Lignin	121 mg	39 mg	10 mg	130 mg	3 mg
Wasserlösliche Ballaststoffe	1280 mg	370 mg	480 mg	620 mg	250 mg
Wasserunlösliche Ballaststoffe	1740 mg	890 mg	1540 mg	1200 mg	250 mg
Aminosäuren					
Isoleucin	163 mg	98 mg	13 mg	38 mg	414 mg
Leucin	268 mg	103 mg	20 mg	85 mg	621 mg
Lysin	189 mg	44 mg	19 mg	57 mg	414 mg
Methionin	53 mg	14 mg	4 mg	9 mg	108 mg
Cystein	31 mg	5 mg	1 mg	2 mg	67 mg
Phenylalanin	139 mg	68 mg	11 mg	34 mg	414 mg
Tyrosin	73 mg	34 mg	6 mg	21 mg	274 mg
Threonin	139 mg	57 mg	10 mg	38 mg	398 mg
Tryptophan	64 mg	21 mg	3 mg	18 mg	108 mg
Valin	148 mg	76 mg	15 mg	57 mg	455 mg
Arginin	141 mg	73 mg	10 mg	54 mg	514 mg
Histidin	44 mg	21 mg	8 mg	77 mg	183 mg
Essenzielle Aminosäuren	1452 mg	614 mg	120 mg	490 mg	3970 mg
Alanin	157 mg	65 mg	19 mg	46 mg	356 mg
Asparaginsäure	316 mg	166 mg	129 mg	115 mg	895 mg
Glutaminsäure	361 mg	184 mg	32 mg	105 mg	1409 mg
Glycin	154 mg	60 mg	11 mg	42 mg	398 mg
Prolin	132 mg	78 mg	13 mg	40 mg	605 mg
Serin	129 mg	53 mg	15 mg	49 mg	447 mg
Nichtessenzielle Aminosäuren	1249 mg	606 mg	219 mg	397 mg	4110 mg
Harnsäure	60 mg	12 mg	14 mg	57 mg	70 mg
Purin	20 mg	4 mg	5 mg	19 mg	23 mg
Fettsäuren					
Dodecansäure/Laurinsäure	2 mg	/	1 mg	1 mg	4 mg
Tetradecansäure/Myristinsäure	1 mg	3 mg	2 mg	1 mg	9 mg
Hexadecansäure/Palmitinsäure	71 mg	30 mg	12 mg	52 mg	489 mg
Octadecansäure/Stearinsäure	5 mg	2 mg	4 mg	3 mg	169 mg
Eicosansäure/Arachinsäure	1 mg	0 mg	1 mg	1 mg	13 mg
Gesättigte Fettsäuren	79 mg	35 mg	20 mg	57 mg	688 mg
Hexadecensäure/Palmitoleinsäure	8 mg	0 mg	2 mg	5 mg	9 mg
Octadecensäure/Ölsäure	6 mg	5 mg	2 mg	14 mg	845 mg
Einfach ungesättigte Fettsäuren	13 mg	5 mg	20 mg	19 mg	863 mg
Octadecadiensäure/Linolsäure	96 mg	73 mg	4 mg	35 mg	2547 mg
Octadecatriensäure/Linolensäure	279 mg	30 mg	2 mg	25 mg	347 mg
Mehrfach ungesättigte Fettsäuren	375 mg	103 mg	26 mg	59 mg	2894 mg
Langkettige Fettsäuren	467 mg	143 mg	48 mg	134 mg	4445 mg
Omega-3-Fettsäuren	279 mg	30 mg	6 mg	25 mg	347 mg
Omega-6-Fettsäuren	96 mg	73 mg	20 mg	35 mg	2547 mg
Glycerin und Lipoide	124 mg	37 mg	1 mg	36 mg	335 mg

Weitere Inhaltsstoffe ohne Vergleichswerte: Cholin (Vitamin B4): 35,3 mg; Bor: 8 bis 10 mg; Kupfer: 260 µg.

LÖWENZAHN ALS HEILPFLANZE

Ginseng des Abendlandes, so wird der Löwenzahn des Öfteren bezeichnet.[69] Asiatische Philosophen wie GEORGE OHSAWA (1893–1966, Entwickler und Lehrer der Makrobiotik) vertreten die Auffassung, dass alles Leben auf einer Spannung der Gegensätze basiert. Alles steht in ständiger Veränderung. Krankheit ist ein Ungleichgewicht der Gegensätze. Mit richtiger Ernährung und Selbstreflexion kann die Harmonie wieder hergestellt werden.[70] Pflanzenheilmittel können helfen, die innere Harmonie wieder zu erreichen. Löwenzahn bringt Körper und Geist in Bewegung, fördert einen nötigen Wandel über den Stoffwechsel.[71] Die Menschen der Wohlstandsgesellschaft halten an Materiellem fest, üppige Speisen machen träge, viel Besitz macht unflexibel, Gedankenblockaden lassen keine Entwicklung zu.

Hauptwirkungen des Löwenzahns
- harntreibend
- entzündungshemmend
- tonisierend
- blutbildend
- blutreinigend
- entgiftend
- leberschützend
- hormonell ausgleichend
- verdauungsfördernd
- blutzuckerregulierend
- milchflussfördernd
- sinnesschärfend

Anwendungsgebiete
- Allergien
- Appetitlosigkeit
- Arteriosklerose
- Augenbeschwerden
- Blutarmut
- Brustentzündung
- Diabetes
- Ekzem
- Gallenschwäche
- Gallensteine
- Gelbsucht
- Geschwüre
- Hämorrhoiden
- Hühnerauge
- Krebsprophylaxe
- Lebererkrankungen
- Magenschwäche
- Nierenentzündung
- Nierensteine
- Pickel
- Pigmentflecken
- Verdauungsbeschwerden
- Warzen
- Zahngesundheit

Löwenzahn-Heilkunde früher

Pflanzen in antiken Schriften ausfindig zu machen, ist schwierig, da die Bezeichnungen der Pflanzen oft abweichen. In China sind Anwendungen mit Löwenzahn schon vor gut 2500 Jahren dokumentiert.[72] Deutliche Hinweise auf die Verwendung des Löwenzahns als Heilpflanze finden sich bei den Griechen vor gut 2000 Jahren und um das Jahr 1000 beim Arzt und Philosophen AVICENNA aus Persien. Ab dem 13. und 14. Jahrhundert ist die Pflanze eindeutig mit den Namen *Dens Leonis*, *Rostrum*, *Caput Monachi*, *Taraxacum* oder auch *Herba urinaria* in europäischen Kräuterschriften erwähnt.[73] In den Kräuterbüchern des frühen Mittelalters ist er nicht zu finden, ebenso wenig bei HILDEGARD VON BINGEN.

Altgriechische Heilkunde

Vor gut 2500 Jahren begründete HIPPOKRATES in Griechenland die Medizinkunde als Vorgänger unserer modernen Medizin. Er errichtete eine Schule für Heilanwendungen, und es gab eine vermutlich angesehene Zunft der Therapeuten. HIPPOKRATES war einer der Ersten, der einen engen Zusammenhang zwischen

Galenos mit dem ursprünglichen Äskulapstab, dem Symbol für Heilkunde: zwei Schlangen für Gift und Gegengift.

Ernährung und Gesundheit erkannte, wobei er auch feststellte, dass es wichtig sei, dass die Speisen gut schmecken. Qualitativ schlechtere seien sogar Speisen guter Qualität vorzuziehen, wenn sie einen größeren Genuss bieten. Vielleicht spielt hier die Liebe bei der Zubereitung eine Rolle. Auch meinte er, man solle den Speisen immer Kräuter beifügen.[74]

Der Grieche Galenos (199–216 n. Chr.) lobte den Löwenzahn als »Freund der Leber«. Man vermutet ebenso, dass Theophrast, Dioskurides und Plinius mit dem Namen *Aphake* den Löwenzahn benannten und als Heilpflanze für verschiedene Anwendungen beschrieben.[75]

Die Mythologie sieht den Ursprung der Heilkunst bei den Göttern. Der griechische Gott Äskulap war ein Heiler und Poet, er entstand aus der Verbindung Koronis, einer thessalischen Fürstentochter mit Apollon, dem Gott des Lichtes und der Sonne. Äskulap ist also ein Kind zweier Welten. Der heilkundige Pferdemensch, der Kentaur Chiron, verriet ihm die Kräfte der Kräuter. Äskulap hatte zwei Töchter, Panazee oder Panakeia (die alles Heilende, auch Göttin der Zauberei) und Hygieia (Göttin der Gesundheit).[76]

Mich hat es im Winter 2024/2025 auf die griechische Insel Kreta geführt. Ich wollte einen ruhigen Ort, um dort das Buch schreiben zu können. Meine Gastgeberin in einem kleinen Ort an der Südküste hat einen wilden Garten. Dort wächst auch der Löwenzahn für das *Chorta*, ein typisch griechisches Gericht. Zu Weihnachten schenkte sie mir ein Kräuterbuch aus Kreta in deutscher Übersetzung. Dort erfuhr ich, dass Griechenland die Wiege der medizinischen Kräuterkunde ist, außerdem besagt eine Legende, dass Zeus auf Kreta geboren sei.[77] Der Mythos mit Minotaurus und Theseus, der den blutrünstigen Stiermenschen mithilfe des Löwenzahns besiegt hat und mit dem Faden der Ariadne aus dem Labyrinth wieder hinausfand, hat seinen Ursprung in Knossos auf Kreta. Ich fand die Zauberpflanze Alraune in den Bergen, und Greifvögel schwebten über mir. Beim Schreiben und Zeichnen auf der Terrasse hörte ich die Wellen des Meeres, das Zwitschern der Vögel und den Wind. Ein idealer Ort, um ein Löwenzahn-Buch zu schreiben.

Eine kretische Volksweisheit:

Ησύχασε, καρδιά μου,
δεν έχουν χαθεί ακόμα όλα
γιατί τα βότανα αυτής της γης,
ανακουφίζουν κάθε πόνο.

Sei still mein Herz,
noch ist nicht alles verlor'n
denn die Kräuter dieser Erd,
mildern jeden Schmerz.

Weitere Überlieferungen

Ab dem späteren Mittelalter kommt der Löwenzahn fast in jedem abendländischen Kräuterbuch vor. Otto Brunfels schreibt im Jahr 1532: »Das Wasser von dem Löwenzahn ist gut zu dem Gesicht, macht klare Augen. Löschet allerlei Hitz in allen Gliedern.« Hieronymus Bock (1498–1554) und Jacobus Theodorus (1522–1590) haben ausführlich über Anwendungen der Pflanze geschrieben und nannten es *Röhrleinkraut* oder *Pfaffenröhrlein*. Insbesondere bei »hitzigen pestenen und brennenden Febern« wurde das Wasser vom Löwenzahn empfohlen. Auch Rezepte und Anwendungen zur Magenstärkung und für klare Augen werden beschrieben. Bei Gelbsucht, Wassersucht und als gesunde Speisenzugabe werden Rezepte mit Löwenzahn empfohlen. Löwenzahn wurde damals in klösterlichen Gärten als Heilpflanze angebaut.[78] Franke hat den Löwenzahn als harntreibendes Kraut in seinem 1594 erschienenen *Hortus Lusatiae* erwähnt.[79]

Im 19. Jahrhundert lobt der Arzt Hufeland den Löwenzahn bei Gallenleiden, Leberverhärtung, Hypochondrie und gastrischem Fieber. Auch Kneipp und Künzle priesen den Löwenzahn als heilkräftiges Kraut bei Leberleiden, Gelbsucht und bei Augenleiden.[80]

Im 20. Jahrhundert empfahl Maria Treben Löwenzahn bei Diabetes, Rheuma, Gicht, Leber- und Gallenleiden, bei Milzbeschwerden, Pickeln, Jucken und Ausschlägen.[81]

Wildwachsende Kräuter auf Kreta.

Anwendungen heute

Im 21. Jahrhundert genießt der Löwenzahn besondere Aufmerksamkeit. Die Pflanze verbreitet sich auf den intensiv gedüngten Wiesen. Die typischen Beschwerden der Menschen, der von der Natur entfernten Kulturen, werden durch den Löwenzahn gelindert. So sind in den letzten Jahren viele Beiträge über diese Pflanze veröffentlicht und ihre Vorzüge als Heil- und Nahrungspflanze beschrieben worden. Forschungen über ihre Heilwirkungen werden intensiver betrieben. Insbesondere ihre Wirkung auf

Kammertopf aus der kaiserlichen Porzellanmanufaktur Wien. Bei einer Löwenzahnkur auch heute noch praktisch, wenn man nachts mal muss. Urin war zudem ein wertvoller Rohstoff.

Viren, Spike-Proteine und Krebszellen. Studien an Menschen sind eher selten, schließlich gibt es keinen wirtschaftlichen Anreiz.

Medizinisch umfangreich erforscht und anerkannt sind folgende Anwendungen von Löwenzahn:[82]

- Löwenzahnkraut mit Wurzel *(Taraxaci herba cum radice)*: Störungen des Gallenflusses, Anregung der Diurese, Appetitlosigkeit und dyspeptische Beschwerden (anerkannt durch die Kommission E); unterstützend zur Verbesserung des Harnflusses zum Beispiel bei Rheumatismus und zur Verhütung von Nierensteinen (ESCOP)
- Löwenzahnwurzel *(Taraxaci radix)*: Wiederherstellung der Leber- und Gallenfunktion, dyspeptische Beschwerden und Appetitlosigkeit (ESCOP)
- Löwenzahnkraut *(Taraxaci herba)*: Appetitlosigkeit und dyspeptische Beschwerden wie Völlegefühl und Blähungen (Kommission E)

In der Volksheilkunde sind viele weitere Anwendungen überliefert. Die harntreibende, entzündungshemmende und allgemein stärkende Wirkung unterstützt vielfältige Heilungsprozesse. Phytotherapeutische Anwendungen gibt es mit Tee, Tinktur aus Kraut oder Wurzel, als Globuli, in Kapseln, Frischpflanzenpresssaft aus Kraut und Wurzel, Wildgemüse und Salat.

Aktuelle Studien mit Löwenzahn

In den letzten Jahrzehnten wurden zahlreiche wissenschaftliche Studien mit Löwenzahn durchgeführt. Viele Forschungsergebnisse sind im Buch von Ruoff zusammengefasst: Besserung bei Gelbsucht, Mandel-, Hals- und Ohrspeicheldrüsenentzündung, äußerlich bei Brandwunden, zur Wasserausscheidung, positiver Effekt bei Diabetes mellitus, ausgleichende Wirkung auf den Blutzuckerspiegel, Blutfettwerte regulierend, Hemmung von Knochenabbau, Wachstum von Bindegewebszellen stimulierend, Schutz vor Giftstoffen insbesondere der Leber bei Alkoholkonsum, ebenso Schutz vor Giften in Lunge und Gehirn, positive

Wirkung auf die Leistungsfähigkeit und Immunsystem, entzündungshemmend bei Rheuma, Gicht und anderen chronisch-entzündlichen Erkrankungen. Wirksam gegen Grippe- und HI-Viren, krebsvorbeugende Wirkung, stimuliert Testosteron und Spermienproduktion.[83]

Weitere Studienergebnisse im Fazit:

Löwenzahnblätterextrakt und SARS-CoV-2-ACE2-Interaktion (in vitro). Peter Emmrich schreibt zu einer 2021 veröffentlichten Arbeit, dass wässrige Löwenzahnblattextrakte die Protein-Protein-Interaktion zwischen SARS-CoV-2-Spike (Wildtyp D614 und Mutanten) und dem humanen ACE2-Rezeptor in HEK293-hACE2- und A549-hACE2-TMPRSS2-Zellen hemmen können. »Der Effekt wurde Hochmolekülfraktionen (> 50 kDa) zugeschrieben. Das erzeugte große Aufmerksamkeit in Long-COVID-Kontexten. Klinische Wirksamkeitsnachweise stehen jedoch noch aus. Eine sorgfältige Evidenzhierarchie bleibt unerlässlich.« Er bezieht sich auf Labor-Studien an den Universitäten Freiburg und München. Im Fazit der englischsprachigen Studien steht, dass die Infektion der Lungenzellen mit SARS-CoV-2-Spike-D614- und Spike-Delta- (B.1.617.2) Varianten durch den Extrakt wirksam verhindert wurde, ebenso wie die durch das Virus ausgelösten entzündlichen Reaktionen. Es wird vermutet, dass diese Wirkung einen großen Vorteil bei der Prävention einer SARS-CoV-2-Infektion hat. »Die Ergebnisse regen zu weiteren Analysen von *Taraxacum officinale* an und erfordern weitere Nachweise.«[84]

Studien zeigten, dass das SARS-CoV-2-Virus Merkmale von HI-Viren enthält und sich ähnlich zeigt und ähnlich behandelt werden kann.[85]

Taraxacum – ein Überblick über sein phytochemisches und pharmakologisches Profil. Die empirische traditionelle Anwendung von Löwenzahn beim Menschen, insbesondere zur Behandlung von Verdauungsstörungen, wird durch pharmakologische Untersuchungen gestützt. Mehrere Studien haben weitere gesundheitsfördernde Eigenschaften von Löwenzahn-

Im März kann man den Löwenzahn von der Wurzel bis zum Kraut zum Beispiel für einen Frischpresssaft verwenden.

»Wer die Schönheit der Erde betrachtet, findet Kraftreserven, die so lange Bestand haben, wie das Leben dauert.«

RACHEL CARSON, (1907–1964), in »Stiller Frühling«. Die Bücher der Biologin werden als Auslöser großer Umweltschutzbewegungen und des Verbots des hochgiftigen DDT genannt.

Ein paar Blätter oder Stängel, täglich frisch gegessen, können eine enorm stärkende und entgiftende Wirkung haben.

extrakten oder einzelnen aus Löwenzahnblättern oder -wurzeln extrahierten Verbindungen nachgewiesen, z. B. entzündungshemmende, antikarzinogene und antioxidative Aktivitäten.[86]

Wirkung von Wasserextrakten der Taraxacum-Wurzel auf angeborene und adaptive Immunreaktionen bei Mäusen. Heißwasser- und Kaltwasserextrakte der Taraxacum-officinale-Wurzel wurden auf ihre Auswirkungen auf angeborene und durch Anpassung entstandene Immunreaktionen bei Mäusen untersucht. Es zeigte sich, dass insbesondere Heißwasserextrakte die Immunreaktionen auf Allergene bei Mäusen modulieren können.[87]

In vitro und in vivo hepatoprotektive Wirkungen des wässrigen Extrakts aus der Wurzel von Taraxacum officinale gegen alkoholinduzierten oxidativen Stress. Die schützende Wirkung von Taraxacum officinale radix gegen alkoholbedingte Leberschäden wurde an menschlichen Leberkrebs-Zellen und Albino-Mäusen untersucht. Die Ergebnisse deuten darauf hin, dass der wässrige Extrakt aus der Wurzel von Taraxacum officinale eine schützende Wirkung gegen die durch Alkohol verursachte Toxizität in der Leber hat, indem er das antioxidative Potenzial erhöht und die oxidative Degradation von Lipiden verringert.[88]

Nebenwirkungen, Kontraindikationen

Löwenzahn sollte bei Verschluss der Gallenwege, krankhafter Gewebeveränderung der Galle *(Gallenblasenempyem)* oder Darmverschluss *(Ileus)* nicht therapeutisch verwendet werden,[89] außerdem nicht bei eingeschränkter Nierenfunktion. Menschen mit Allergie auf Korbblütler könnten allergisch auf den Löwenzahn reagieren. Kinder können wegen der Bitterstoffe Magenbeschwerden bekommen.

Bitterstoffe wirken im Mund. Es kann auch eine Gewöhnung an Bitterstoffe entstehen. Sie sind dann wirkungslos. Nimmt man sehr viel Bitterstoffe zu sich, können sie eine nachteilige Wirkung für die Verdauung haben.

ANWENDUNGEN IM ÜBERBLICK

Leber

Der Löwenzahn wird oft als Leberheilpflanze bezeichnet. Die Leber ist unser Hauptentgiftungsorgan und wichtigstes Stoffwechselorgan für unseren Körper. Nährstoffe werden über den Darm ins Blut aufgenommen und gelangen dann zur Leber für weitere Stoffwechselprozesse. Die Leber speichert einige Vitamine und ist auch an der Hormonproduktion beteiligt. Sie produziert zudem Galle, die wir für die Fettverdauung benötigen und einen Großteil der Lymphflüssigkeit, die für unser Immunsystem wichtig ist.

In der Traditionellen Chinesischen Medizin gilt die Leber als Verteiler unserer Lebensenergie, dem sogenannten Qi. Ist die Leber schwach, sinkt unsere Energie im ganzen Körper und es kann zu Beschwerden an allen Organen und Körperstellen kommen. Eine Leberentzündung, Leberverhärtung *(Leberzirrhose)*, Leberstau (Blutstau in der Leber) oder Gelbsucht sind Anzeichen eines gestörten Energieflusses.[90]

Wird man häufig zwischen ein bis drei Uhr wach, braucht die Leber wahrscheinlich Unterstützung. Auch leichtes Schwitzen beim Schlafen kann Merkmal einer Leberschwäche sein.

Der Löwenzahn unterstützt den Stoffwechsel in der Leber insbesondere durch *Metalloproteinasen* (Enzym zum Spalten von Proteinen). Diese helfen bei toxischen Leberschäden, bei Folgen akuter oder subakuter Leberfunktionsstörung oder nach einer Leberentzündung *(Hepatitis)*. Löwenzahn wirkt generell leberschützend und hemmt Wucherungen von Zellen und Gewebe. Auch hormonelle Störungen, die sich zum Beispiel im PMS *(Postmenstruelles Syndrom)* oder in der Entzündung der Prostata und Blase zeigen, können aufgrund von Leberfunktionsstörungen entstehen. Ebenso kann Hüftspeck ein Zeichen von Leberschwäche sein. Die sogenannte Landkartenzunge (weißlicher rauer Film, der sich in Fetzen löst und rote, empfindliche Flecken zurücklässt), weißer oder gelber Zungenbelag, gelbe Haut, bitterer Mundgeschmack, Übelkeit, Appetitlosigkeit, Aufstoßen, Völlegefühl, Fettunverträglichkeit, Kopfschmerzen mit Hitzegefühl am Scheitel, Tinnitus und kalte Fingerspitzen können

Aufbau der Leber

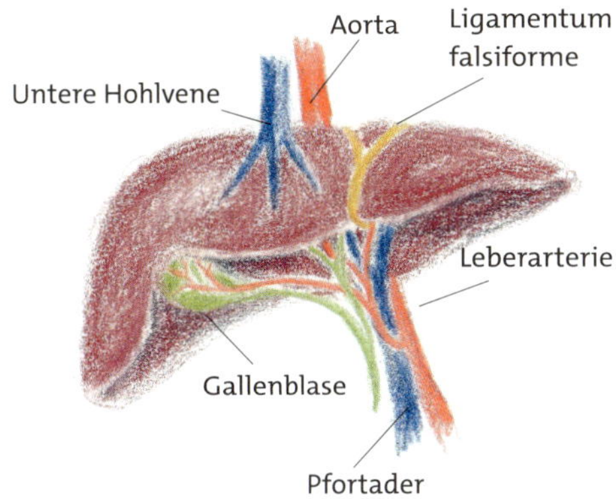

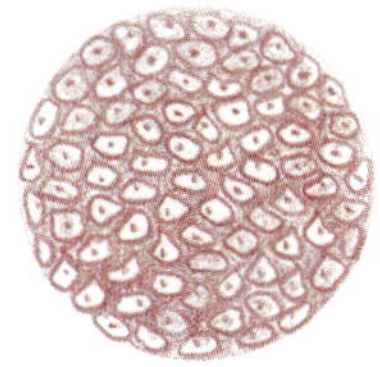

gesundes Lebergewebe

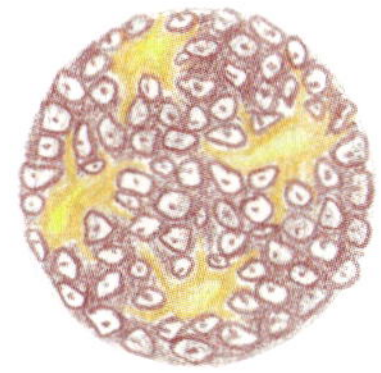

Fettlebergewebe

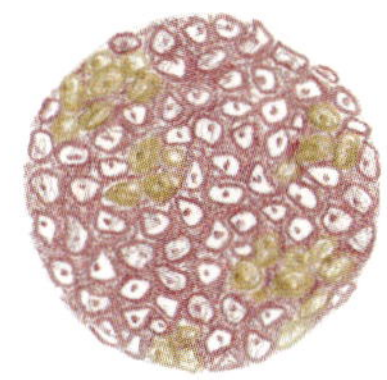

Leberfibrose: Bindegewebe verdrängt Lebergewebe

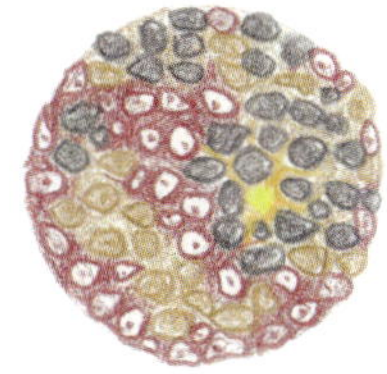

Leberzirrhose, verhärtetes und vernarbtes Gewebe und Bindegewebe verdrängt Lebergewebe

Anzeichen einer nicht gut funktionierenden Leber sein. Schmerzen des linken oder rechten Halsmuskels *(Sternokleidomastoideus)* und damit verbundene Kopfschmerzen können durch eine schwache Leber entstehen. Druckempfindlichkeit im Bereich der Leber, ist ein deutlicher Hinweis auf eine Störung.[91] Löwenzahnstängel oder Löwenzahn-Tinkturen, Frischpresssaft, Abkochungen, Speisen und Tee werden bei Leberbeschwerden empfohlen. Auch Hydrolate oder Pflanzenwasser aus Löwenzahnkraut kann getrunken wirksam sein. In verschiedenen Büchern wie auch bei Storl oder Treben wird eine Kur mit Stängeln empfohlen. Auch Zuckerkranke sollen zehn Stängel täglich essen, solange der Löwenzahn in Blüte steht. Ebenso bei Leberentzündung[92] und anderen Leiden, die mit der Leber zu tun haben.[93]

Augen

Aufbau des Auges

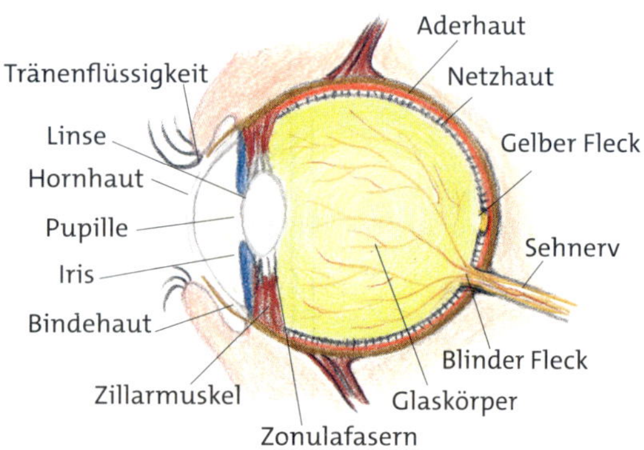

Der Name *Taraxis* stammt vermutlich aus dem Griechischen und wird als Entzündung, insbesondere der Augen, übersetzt. Rote, geschwollene, entzündete Augen erhalten Linderung mit einem Kaltauszug der Blätter. Die Augen werden damit lauwarm abgewaschen.[94]

Im Heilpflanzen-Taschenbuch von Oertel-Bauer aus dem Jahr 1915 wird der aus dem Stängel gedrückte Milchsaft als vorzügliches Mittel zur Stärkung der Augen empfohlen. Täglich ein bis zweimal sollen dazu zwei bis drei Tropfen in die Augen gegeben werden.[95] Farben sollen zudem intensiver und klarer gesehen werden, wenn Löwenzahn als Urtinktur eingenommen wird.[96]

Die Inhaltsstoffe *Lutein* und *Zeaxanthin* im Löwenzahn senken das Risiko für grauen Star, Makula-Degeneration und andere altersbedingte Beschwerden.[97]

Ruoff schreibt, dass Löwenzahn allgemein klare Sinne schafft. Bei Entzündungen oder Verstopfung von Augen, Ohren und Nase vermag die Pflanze zu lindern, auch damit verbundene Kopfschmerzen. Linsentrübung, dunkle Flecken im Sichtfeld, tränende oder entzündete Augen erschweren, dass das Licht in unseren Körper gelangt, die transformierende Kraft der Sonnenenergie, und im übertragenen Sinn auch die Lebensfreude. Das sogenannte Dritte Auge, die Zirbeldrüse, soll ebenso durch Löwenzahn gestärkt werden.[98] TREBEN empfiehlt zudem einen aus Kraut und Wurzel hergestellten Aufguss als Schönheitsmittel für Augen und Gesicht.[99]

Ausscheidungsorgane

Löwenzahn ist harntreibend, reinigt die Nieren und scheidet schädliche Stoffe durch den Urin aus. OERTEL empfiehlt dafür täglich eine Tasse Löwenzahn-Tee aus den Blättern ebenso bei Lungen- und Magenverstimmung und bei Hämorrhoidalleiden.[100] Bei entzündlichen oder infektiösen Erkrankungen der Niere und Harnwege wird Löwenzahn selten angewendet. Die entgiftende Wirkung insbesondere bei rheumatischen Erkrankungen mit Schmerzen oder Steifigkeit in den Gelenken steht eher im Vordergrund.

WOLFGANG HEINRICH empfiehlt Löwenzahn zur Diurese (Harnausscheidung über die Niere) bei Wassersucht, wenn diese durch eine Leberbelastung verursacht ist. Außerdem zur Aquarese (Durchspülungstherapie) bei Nierengrieß und unterstützend bei Harnwegsinfekten.[101] Eine sogenannte Wasserstoßtherapie mit verdünntem Löwenzahn-Tee kann bei kleineren Nierensteinen helfen, diese mit dem Urin auszuleiten.[102] Größere Steine werden besser durch Stoßwellentherapie entfernt, da es Komplikationen geben kann. Beim Verschluss der Gallenwege darf diese Therapie nicht angewendet werden.

Niere und Harnwege

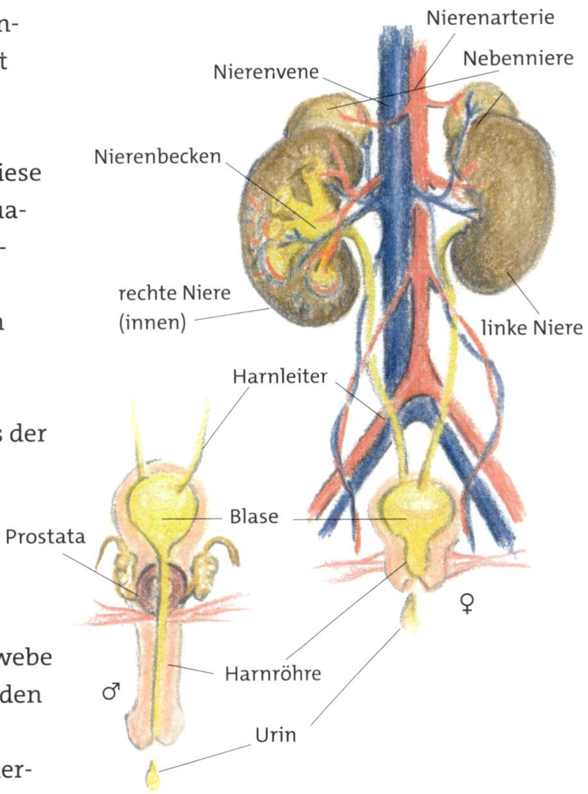

Bewegungsapparat

Durch die Anregung des Stoffwechsels auch im Zwischengewebe wird Löwenzahn bei Arthrose und rheumatischen Beschwerden eingesetzt. Ebenso vorbeugend und therapiebegleitend bei Fibromyalgie. Homöopathisch hat sich Löwenzahn bei Schmerzen in der linken Hüfte und im linken Knie bewährt.[103]

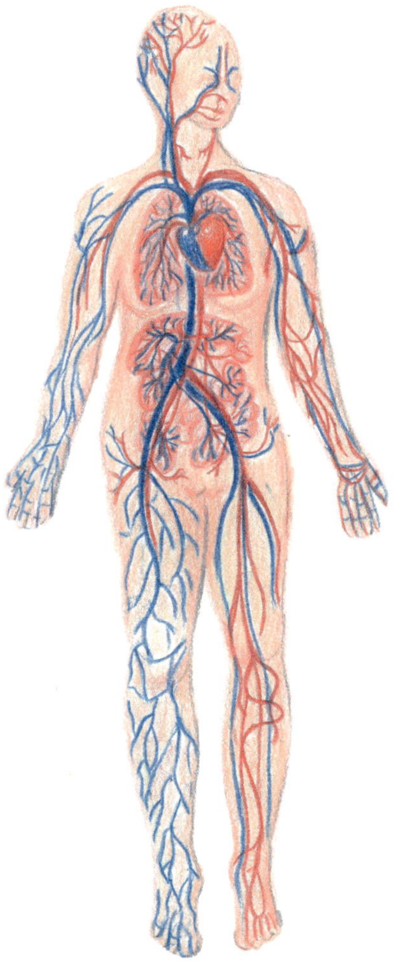

Für eine bessere Übersicht sind hier Blutbahnen reduziert dargestellt und aufgeteilt, rechts überwiegend die Arterien (rot), links die Venen (blau) in Armen und Beinen. Insbesondere Lunge (Sauerstoffaufnahme), Leber (Stoffwechsel, Entgiftung), Milz (Immunzellen), Nieren (Blutreinigung), Dickdarm (Nahrungsaufnahme) sind besonders stark durchblutet.

Blut und Blutkreislauf

Unsere Arterien versorgen unsere Organe und alle Zellen. Die Venen transportieren verbrauchte und schädliche Stoffe hinaus.

Morgens und abends eine halbe Tasse Löwenzahnblätter-Tee wird als wirksames Mittel gegen Blutarmut empfohlen, auch zur Blutreinigungskur insbesondere bei Lebererkrankungen und bei Gelbsucht.[104] Man kann die Stängel im Frühjahr für eine Kur essen. Dafür etwa drei Wochen lang 6 bis 10 Stängel täglich gut gekaut zu sich nehmen, sie sind dann noch sehr knackig.[105] Man kann auch die Blätter und die Blüten essen, mehr Bitterstoffe sind jedoch in den Stängeln.

Durch den hohen Inulingehalt des Löwenzahns im Herbst, ist die Wurzel bei Menschen mit Diabetesdiagnose geschätzt.[106] Löwenzahn kann den Blutzuckerspiegel ins Gleichgewicht bringen.

Haut

Die weiße Löwenzahnmilch wurde schon von Hieronymus Bock als Schönheitsmittel und bei Hautproblemen verschiedenster Art empfohlen.[107] Löwenzahn regt allgemein den Stoffwechsel an, was der Haut zugutekommt. Wolfgang Heinrich empfiehlt Löwenzahn bei unreiner Gesichtshaut, bei leberbedingtem Juckreiz, Warzen und Ekzemen und bei Neurodermitis, die nach einer Impfung entstanden ist. Hauterkrankungen sind oft Folge unausgeglichener Ernährung, hier sollte man langfristig die Ernährung umstellen.

In der Traditionellen Chinesischen Medizin wird Löwenzahn bei Abszessen, Eiterbeulen und Geschwüren eingesetzt. Tee, Tinkturen und auch der Pflanzensaft können helfen.[108] Bei Juckreiz, Nesselsucht und Hautrötungen kann Löwenzahn-Tinktur, innerlich eingenommen, helfen. Auf entzündete Verletzungen und Brandwunden wird Löwenzahnmilch aufgetragen.

Auch im übertragenen Sinne können lange währende, brennende, emotionale Verletzungen, die sich in Entzündungen äußern, mit Löwenzahn heilen, sodass neue Freude entstehen kann. Getrockneter Löwenzahnblüten-Tee kann ebenso innerlich bei Hautekzemen helfen. Dazu dreimal täglich eine Tasse Tee trinken. Bei Abszessen, Milchschorf, Krätze und Flechten werden in verschiedenen Ländern der Welt Umschläge aus gestampftem Löwenzahnkraut aufgelegt und zusätzlich Abkochungen aus Löwenzahn eingenommen.[109]

Der Milchsaft des Löwenzahns kann auf Warzen aufgetragen werden, damit diese sich nach und nach zurückbilden.[110] Bei meiner Schwester hat dies gut geholfen, wie sie mir berichtete. Der Milchsaft ist alkalisch und hat bakterizide und fungizide Wirkung und wird auch bei Gürtelrose empfohlen. Auch Altershaut, Pigmentflecken, Leberflecken, Sommersprossen, rote Flecken auf der Haut und übermäßige Hornhaut können damit reduziert werden. Dafür wird der Saft aus den Stängeln der Pflanze gepresst und regelmäßig und mehrfach täglich auf die Stellen aufgetragen. Löwenzahn kann auch die Wundheilung unterstützen und bei Insektenstichen lindernd wirken. Das Kraut wirkt antibakteriell und entzündungshemmend. Es kann zudem zur Desinfektion von Pickeln eingesetzt werden. In diesen Fällen wird der Pflanzensaft aus dem Stängel oder der Wurzel auf den Pickel oder Stich direkt aufgetragen. Die Wirkung wird intensiver, wenn die gesamte Pflanze zu einem Brei zerkleinert und auf die betroffenen Stellen aufgetragen wird.[111]

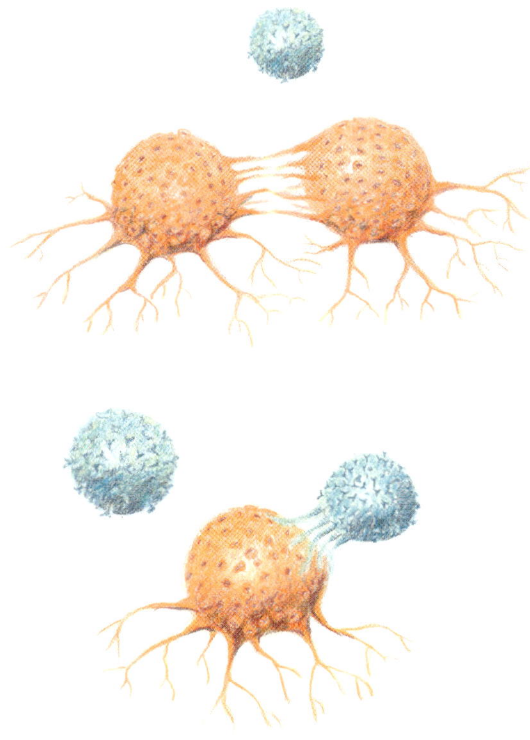

Sich teilende Krebszelle und blau die Leukozyten unseres Immunsystems, die sich an die Krebszelle andocken und diese ausschalten.

Krebszellen

Es gibt zahlreiche Studien zur Behandlung von Tumoren und Krebs mit Löwenzahn. Die Laborstudien sind vielversprechend, Studien mit Menschen sind wie so oft bei frei zugänglichen Kräutern selten. In der *National Library of Medicine* veröffentlicht sind die positiven Wirkungen der Pflanze auf Bauchspeicheldrüsenkrebs mit Löwenzahnwurzelextrakt,[112] Brustkrebs und Prostatakrebs mit Wurzeln und Blättern[113] und zur Zurückbildung von Leberkrebszellen.[114] Löwenzahn wird zudem als wirksame Alternative zur Chemotherapie bei Leukämie[115] beschrieben. Verschiedene Heilpraktiker empfehlen den Löwenzahn zur Behandlung dieser Krebsarten.[116]

Immunsystem, Allergien, SARS-CoV-2 Spike-Proteine

Löwenzahn kann ein überbeanspruchtes Immunsystem durch Amalgamsanierung oder hohe Bleibelastung unterstützen, indem die Leber gestärkt wird. Er wirkt immunmodulierend und regt die Immunzellen im lymphatischen Darmgewebe an. Allergien wurden mit Löwenzahn erfolgreich behandelt.[117] Studien legen nahe, dass Löwenzahnsaft Entzündungsprozesse, hervorgerufen durch SARS-CoV-2-Infektionen oder Impfstoffe, gestoppt und Spike-Proteine ausgeleitet werden könnten (siehe Studien Seite 45). Frischpresssaft aus Löwenzahnkraut wird von Heilpraktikern empfohlen, und sie berichten von guter Wirkung bei Menschen, die vorher einen langen Leidensweg mit körperlicher Schwäche und Entzündungsherden hatten.

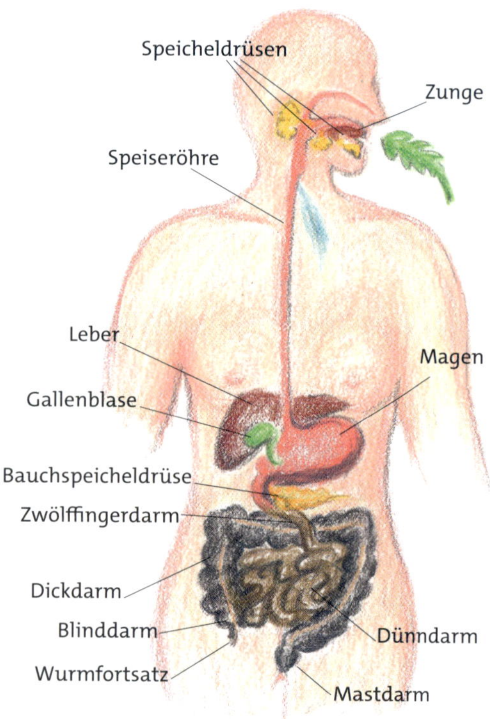

Verdauungsorgane

Löwenzahn wirkt gallenflussfördernd, wodurch die Darmtätigkeit aktiviert, die Fett- und Eiweißverdauung unterstützt und Gallensteinen vorgebeugt wird.

Blütenstängel, Salat, Wurzelgemüse und Wurzeltee regen die Bauchspeicheldrüse an, helfen gegen Blähungen, Aufstoßen oder Völlegefühl. Auch Tinkturen (10 bis 20 Tropfen vor den Mahlzeiten) werden empfohlen. Ungekochtes Kraut wirkt eher abführend. Gekochtes Kraut wird bei infektiösen, mit Durchfall verbundenen Krankheiten gegessen. Besonders die Wurzel wirkt probiotisch im Dickdarm,[118] wobei es zu Beginn zu »Winden« im Darm kommen kann, wenn man Inulin nicht gut verträgt. Dann sollte man sich langsam daran gewöhnen.

Zähne und Knochen

Das Kauen der Wurzel oder auch der Stängel stärkt den Kiefer und fördert den Speichelfluss. Speichel bildet einen Schutzfilm um unsere Zähne. Die mineralstoffreiche Pflanze schützt vor Infektionen im Mundraum und beugt Karies vor. Der Russische Löwenzahn aus dem Kaukasus wird dort als zahnpflegender »Kaugummi« genutzt.

Löwenzahnblütenstängel können vorbeugend gegen Karies und die Wurzel bei Zahnschmerzen gekaut werden. Ruoff erwähnt einen Fall, wo nach der Einnahme von Löwenzahn-Tinktur und Tinktur der Weißeiche ein Wiederaufbau des Kieferknochens festgestellt wurde.

Löwenzahn enthält Bor und Kalzium. Beides ist für Zähne und Knochenbau notwendig.[119] Ich hatte nach dem Befund Knochenschwund im Kiefer zusätzlich klein geschnittene Brennnesselfasern gekaut, und der Knochenschwund war nach einem Jahr kein Thema mehr. Aus diesen gekauten Brennnesselfasern kann man übrigens ganz feines, fast transparentes Papier schöpfen.

Die Zähne sind an die Meridiane unseres Körpers angeschlossen. Zahnprobleme stehen deshalb mit verschiedensten Organbeschwerden im Zusammenhang.

In der Traditionellen Chinesischen Medizin ist Löwenzahn eine Ahnenpflanze und deshalb Zähnen, Knochen und dem Nierenfunktionskreis zugeordnet. Zähne und Knochen werden als Träger des körperlichen und energetischen Erbgutes betrachtet, Erinnerungen, die von Generation zu Generation weitergetragen werden. Zähne werden für notwendige Entwicklungsstufen in Ritualen geopfert oder gezogen. Die in diesen Zähnen gespeicherten schmerzhaften Informationen können somit, so die Auffassung, gelöst werden, wenn es auf anderem Weg nicht gelingt. Wird ein Zahn gezogen, verschwinden manchmal plötzlich auch andere Beschwerden.

Sind die Zähne stark, gelten sie als Wach- und Kraftsymbole, das Tor zu unserem Inneren.[120] Übertragen gesehen, beschützen uns unsere Ahnen, wehren Schädliches ab.

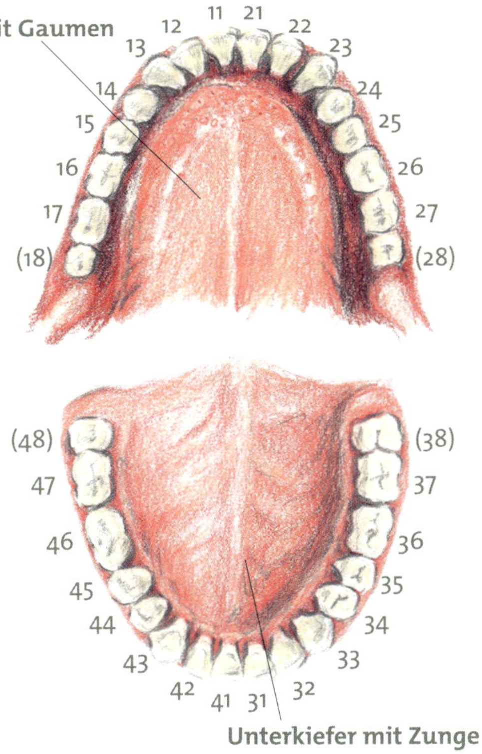

Zuordnung der einzelnen Zähne (zahnmedizinische Nummerierung) zu unseren Energie-Meridianen:

Schneidezähne:
11, 12, 21, 22, 31, 32, 41, 42 Niere/Blase
Eckzähne:
13, 23, 33, 43 Leber/Galle
Obere Vormahlzähne:
14, 15, 24, 25 Lunge/Dickdarm
Untere Mahlzähne:
36, 37, 46, 47 Lunge/Dickdarm
Obere Mahlzähne:
16, 17, 26, 27 Magen/Milz/Pankreas
Untere Vormahlzähne:
34, 35, 44, 45 Magen/Milz/Pankreas
Weisheitszähne:
18, 28, 38, 48 Herz/Dünndarm

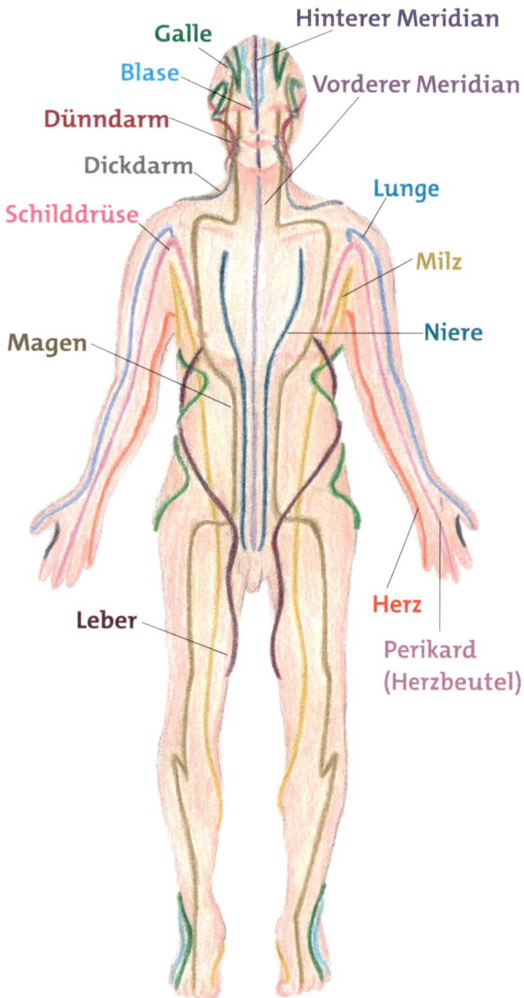

Lösen von Blockaden über bestimmte Meridiane, die unseren Körper überziehen, ist mittlerweile eine anerkannte Heilmethode bei vielen Beschwerden.

Psyche

Mit Löwenzahnextrakt wurden in Tierversuchen leistungssteigernde und Erschöpfung vorbeugende Wirkungen festgestellt. Der Frischpresssaft des Löwenzahns ist in Gambia als Stärkungsmittel bekannt und wird gern getrunken, wurde mir berichtet. Ansonsten wird auch das frische Kraut als Suppengrün oder Salatzugabe zur allgemeinen Stärkung empfohlen.

Menschen mit Leberschwäche sind schneller reizbar, bei schnell aus der Haut fahrenden Menschen kann Löwenzahn helfen. Des Weiteren wird das Kraut empfohlen in Phasen des Abschieds, der Neuorientierung und bei Lebenskrisen.[121]

Bei Stress, Niedergeschlagenheit oder wenn man verzweifelt ist, nicht weiß, wie es weitergehen kann, hilft Lachen. Spielen mit Löwenzahn kann heilsam sein. Wenn die Löwenzahn-Trompete erklingt, bekommt jeder gute Laune. Gerade Erwachsene sollten nicht vergessen, manchmal »Quatsch« zu machen.

Wie man auch vom *Brainstorming*, der Ideenfindung in Kreativabteilungen, weiß, bekommt man neue Ideen, wenn festgefahrene Gedankenbahnen verlassen werden, wenn »rumgesponnen« wird, neue, andere Gedanken und Möglichkeiten zugelassen werden. Naturmaterial fördert kreative Ideen, es ist schier unendlich, was man mit Pflanzen machen kann. Kreativität kann geübt und entwickelt werden. Wer kreativ ist, findet auch in zunächst ausweglos erscheinenden Situationen Lösungen.

Auch Freudentränen dürfen fließen. Nichtgeweinte Tränen werden bitter, so heißt es im Buch der Coyote-Medizin von Lewis E. Mehl.[122] Um Bitterkeit und Wut aus dem Körper zu leiten, müssen es nicht zwingend Tränen der Wut oder Traurigkeit sein. Freude und Traurigkeit liegen sehr nah beieinander. Wenn Tränen fließen, kann Freude wieder entstehen. Auch hier kann der Löwenzahn Schwere nehmen und Tränen der Freude hervorrufen.

Löwenzahn hilft bei der Selbstbefreiung. Körperlicher und emotionaler Stillstand kann durch eine läuternde Wut aufgelöst werden. Die Wut kann wild und explosiv werden. Löwenzahn macht beweglich, geistig und körperlich.[123]

Spirituelle Heilanwendungen

In der ganzheitlichen Medizin wird die Auffassung vertreten, dass Krankheiten ein Signal dafür sind, dass man im Leben etwas ändern sollte. Kräuter können unterstützen, den Weg zu finden, Harmonie und Rhythmus wieder herzustellen. Der Anbau und die Verarbeitung der Kräuter werden als spirituelle Tätigkeit empfunden. Die Gedanken, die Worte und die Art, wie man Pflanzen verarbeitet und einnimmt, beeinflussen die Heilung, wobei das Vertrauen in das Heilmittel eine große Rolle spielt, Ablehnung kann die Wirkung blockieren.[124]

Energiebahnen durchziehen unseren Körper. Bei vielen alternativen Heilmethoden geht es darum, Blockaden zu lösen, die durch Anspannungen, Traumata oder rein körperliche Verletzungen entstehen können. Akupressur und Akupunktur nutzen Meridiane, die auf bestimmte Organe wirken. Jede Zelle unseres Körpers kann Energien und Informationen speichern. Pflanzen, wie der Löwenzahn, können helfen, insbesondere durch die Entgiftung, Blockaden zu lösen, schmerzhafte Traumata aufzulösen. Oder stecken wir fest in unseren Glaubenssätzen, haben wir nicht genug Kraft, Mut oder Kreativität eine anstehende Wandlung oder Entwicklung anzugehen? Dann erstarrt der Körper, wird unbeweglich. Löwenzahn kann in diesem Fall Flexibilität, Lebensfreude und Kreativität wecken und den entscheidenden Schritt ermöglichen.

In vielen Kulturen werden mit klebriger Medizin schädliche Anhaftungen entfernt. Aurareinigung wird in Lettland noch immer mit dem Milchsaft des Löwenzahns praktiziert.[125] Einreibungen mit dem Wurzelpulver sollen Traumata lösen. Ruoff empfiehlt ein Bad mit gemahlener Löwenzahnwurzel oder zerstampftem Löwenzahn-Brei für Traumaverarbeitung und eine bessere Traumerinnerung. Dabei ist zu beachten, schreibt sie, dass auch der Kopf damit gereinigt wird, damit dort die blockierenden Energien abfließen können. Das kann ich bestätigen, bei Kräuterbädern oder beim Schwimmen in kaltem Wasser bekomme ich oft Druck auf den Kopf, wenn ich nicht komplett untertauche. Außerdem sollte man Erfahrung mit Traumalösungen haben oder es sollte eine erfahrene Therapeu-

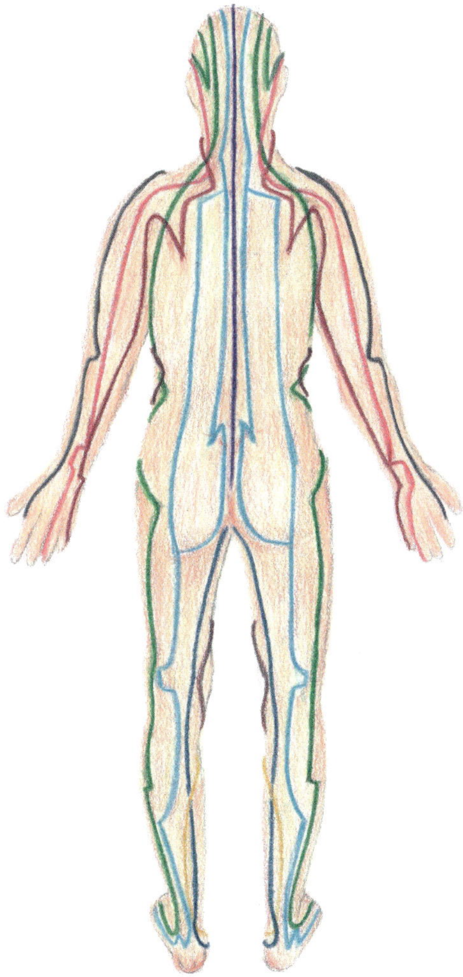

Der Verlauf der Meridiane von hinten gesehen.

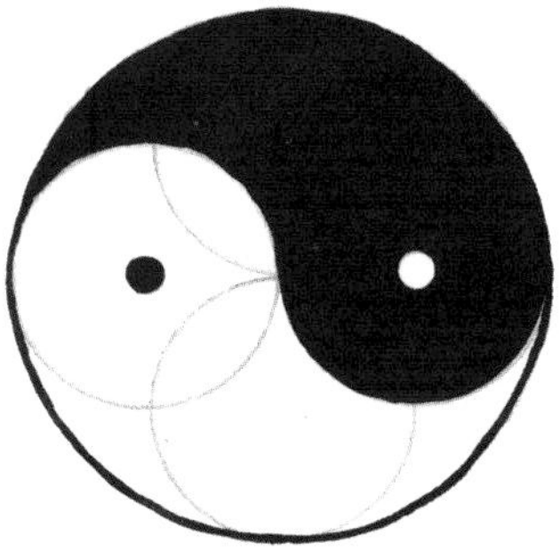

Yin und Yang, das Symbol für die Polarität des Lebens, Gegensätze bedingen sich. Ohne Dunkelheit ist keine Helligkeit wahrnehmbar, ohne Traurigkeit, keine Freude.

tin oder ein Therapeut diese Behandlung begleiten, falls eventuell aufkommende Albträume nicht gut verarbeitet werden können. Bei einer Kräuterwanderung erzählte mir eine Frau, dass sie während des Bades in Löwenzahnwurzel ein Gefühl des Fliegens hatte und in der Nacht einen intensiven Traum erlebte, der ihr Klarheit bei einem schwierigen Thema brachte.

Ruoff schreibt, dass Bitterkeit oder Wut, die durch »geschluckte Emotionen« oder ungeweinte Tränen festsitzen, sich auf folgende Generationen übertragen. Sie werden in manchen Kulturen bewusst durch Rituale aufgelöst.[126] Vielleicht mag das Spiel festsitzende Tränen auch mit Freude herausfließen lassen. Auch Simonsohn erwähnt den Löwenzahn als Pflanze, mit der unsere Beziehungen zu unseren Ahnen geheilt werden können.[127]

Laut Keidel-Joura ist Löwenzahn sowohl für Menschen geeignet, denen es an Löwenzahneigenschaften fehlt, die also unflexibel oder eher phlegmatisch sind, aber auch für Menschen, die das pralle Leben lieben, teils unüberlegt, kurzfristig handeln und denken und eventuelle Folgen zu Depression oder Stockung insbesondere in der Verdauung geführt haben. Sie empfiehlt homöopathische Urtinkturen des Löwenzahns, bei eigentlich lebendigen, durchsetzungsstarken und kurzentschlossenen Menschen, in Phasen der Stockung, Depression und Bitterkeit. Die Urtinktur wird aus der frischen ganzen Pflanze zu Beginn der Blüte hergestellt.[128]

LANDWIRTSCHAFT UND TIERWOHL

Alternativer Landbau

Früher war Löwenzahn im Wildwuchs eher eine Seltenheit. Bekannt war er dennoch. Von GOETHE ist überliefert, dass er Löwenzahn in seinem Garten in Reihen angebaut hat, also wohl auch als Gemüsepflanze gegessen hat.[129] Löwenzahn wurde früher offenbar häufiger bewusst im Garten ausgesät oder gepflanzt.

Im Demeter-Bio-Anbau wird das Löwenzahn-Präparat mit der Nummer 506 für einen günstigen Einfluss auf Kalium und Kieselsäure im Boden eingesetzt.[131] Die Präparate gelten als Heilmittel für den Boden. Dazu werden die Blütenköpfe des Löwenzahns verwendet. STEINER (1861–1925), dem Begründer des biodynamischen Pflanzenbaus, war es wichtig, dass unser Essen sowohl Körper als auch Seele und Geist nährt, also vor allem spirituelle Nahrung ist. Seine Lehren und praktischen Anleitungen werden weltweit angewendet, um Böden zu heilen und fruchtbarer zu machen. Seine Lehren beruhen darauf, dass Liebe eine Schöpferkraft ist. Trennender Egoismus dagegen zerstörerisch. Sind wir von der Natur abgetrennt, spüren wir nicht mehr, wie alles zusammenhängt,[132] verhalten uns eher egoistisch und zerstörerisch auch uns selbst gegenüber. STEINER nannte den Löwenzahn einen Himmelsboten.[133] Über die Intuition erhalten wir sozusagen aus dem spirituellen, weltweiten Netz und darüber hinaus Hinweise und Botschaften für unser Handeln.

In diesem Zusammenhang möchte ich auch GEORGE WASHINGTON CARVER (um 1864 bis 1943, Missouri USA) erwähnen, dessen Lebensgeschichte und Wirken mich sehr beeindrucken. Er wurde als Kind einer Sklavin in einer Hütte im gleichen Jahrzehnt wie STEINER geboren. Als Kleinkind wurde er von Menschenhändlern geraubt und war schwer erkrankt, als er nach der Sklavenbefreiung wiedergefunden wurde. Er verbrachte aufgrund seiner daraus resultierenden körperlichen Schwäche viel Zeit mit Frauen in der Hauswirtschaft und im Garten. Dort lernte er lesen und schreiben. Er durfte wegen seiner Hautfarbe zunächst weder eine Schule noch eine Universität betreten. Später war er dennoch als Künstler, Landwirt-

»Die Natur ist ein Ganzes,
von überall her
wirken die Kräfte.
Wer einen offenen Sinn hat
für das offensichtliche Kräftewirken,
der begreift die Natur.«
RUDOLF STEINER[130]

Mobile Landwirtschaftsschule 1923 von GEORGE W. CARVER. An die Geheimnisse der Pflanzen komme man nur mit Liebe und Hingabe, war seine Erfahrung.

»Je mehr wir mit der Natur und ihren Lehren in Berührung kommen, desto besser sind wir in der Lage, das Göttliche zu erkennen und die verschiedenen Sprachen, die von allen Formen der Natur um uns herum gesprochen werden, richtig zu interpretieren.«[134]
George W. Carver

schaftsforscher und Botaniker hoch angesehen, wurde sogar für einen Vortrag vom Präsidenten ins Weiße Haus eingeladen. Beim anschließenden Bankett musste er jedoch draußen bleiben.

Er gilt als der Begründer der Landwirtschaftsforschung und half, die durch Baumwoll-Monokulturen zerstörten Äcker zu heilen. Er entwickelte Fruchtfolgekulturen, um die Fruchtbarkeit der Böden zu erhalten. Insbesondere die Erdnuss und Süßkartoffeln sind durch Carver in den größeren Anbau und in die Küchen gelangt. Die Erdnusscreme wurde dadurch zu einem wichtigen Nahrungsmittel in den Vereinigten Staaten. Carver soll gesagt haben, dass Bücher für neue Erkenntnisse und Erfindungen nicht helfen, sondern Inspiration von Gott käme, der eine Art Vorhang beiseiteschieben könne, damit man die Geheimnisse entdecken kann.[135] Er war tiefgläubig und sah sein ihm geschenktes Wissen und seine Fähigkeiten als Gabe, die er für die gesamte Menschheit einsetzen wollte. Seine bahnbrechenden Erkenntnisse hat er überwiegend durch Beobachtung und eigene Forschungen erlangt.

Löwenzahn unterstützt den Fellwechsel bei Pferden nach dem Winter.

Löwenzahn für Tiere

Löwenzahn wird auch für Tiere als Heilmittel oder als Nahrungsergänzung verwendet. Allgemein wirkt er wie beim Menschen auch bei ihnen harnfördernd, verbessert die Verdauung und wirkt positiv auf Leber, Niere, Knochen und Zähne. Hier folgen aufgelistet einige Anwendungen, die empfohlen werden, und welche Wirkungen bei den Tieren beobachtet wurden. Löwenzahnkraut und -wurzelpräparate kann man für Haustiere in Tierbedarfsläden erwerben.

- Löwenzahnblätter für Hühner: Hühner legen mehr Eier, mit stabilerer Schale und schön gelbem Eidotter.
- Löwenzahnkraut für Kühe: Kühe geben mehr und gehaltvollere Milch.
- Für die allgemeine Pferdegesundheit werden Blätter, Kraut und Wurzeln frisch, getrocknet oder als Tee gegeben. Dies verbessert die Verdauung und die Harnausscheidung, stärkt das Immunsystem, fördert den Fellwechsel im Frühjahr, hilft bei Magenproblemen, Stoffwechselbeschwerden sowie Leber- und Nierenerkrankungen.
- Löwenzahnkraut als Nahrungsergänzung für Ziegen, Schafe, Alpakas, Schweine, Rinder, Damwild, Esel: für eine bessere Verdauung und stärkere Abwehrkräfte.
- Löwenzahnkraut für Kaninchen: Kaninchen lieben Löwenzahn. Er stärkt ihre Zähne und Knochen. Er verbessert das Sehvermögen, unterstützt die Verdauung, die Nierentätigkeit und die Ausscheidung über die Harnwege. Der Urin kann sich rötlich verfärben, wenn die Kaninchen viel Löwenzahn fressen, was nicht bedenklich ist.
- Löwenzahnkraut für Hunde: als Nahrungsergänzung für ältere, schwächelnde Tiere zur Stärkung und zur Unterstützung der Verdauung.
- Löwenzahnblätter für Hunde oder Katzen: Mischt man es unter das Futter, bekommen Hunde und Katzen ein schönes Fell. Löwenzahn fördert allgemein die Gesundheit der Haustiere durch die leberstärkenden Eigenschaften.[136]

Delikatesse nicht nur für Kaninchen.

DER KULTURELLE BLICK

BRAUCHTUM, KUNST UND LITERATUR

Löwenzahn in der Literatur

Eine einzige Löwenzahnblüte hat die Seele eines Gefangenen gerettet, so wird es in der Erzählung »Die Hundeblume« von Wolfgang Borchert (1921–1947) beschrieben. Die Geschichte hat stark autobiografische Züge. Borchert ist schon mit 26 Jahren aufgrund von Leberversagen durch die vorhergehenden Strapazen und Verletzungen des Zweiten Weltkrieges gestorben. Er hat in seinen letzten Wochen das auch aktuell wieder vielzitierte Friedensmanifest: »Dann gibt es nur eins« geschrieben. Dem 20jährigen Borchert wurde vorgeworfen, sich absichtlich selbst verstümmelt zu haben, um den Kriegsdienst zu umgehen. Die Anklage zielte auf Todesstrafe, führte dann zu einer Haftstrafe und anschließender »Frontbewährung«. Dort kam eine weitere Verurteilung wegen Wehrkraftzersetzung hinzu, weil er im kleinen Kameradenkreis Goebbels parodiert hatte. Ein Kamerad denunzierte ihn, und so wurde er wieder eingesperrt.

Hundert Tage verbrachte der Gefangene mit der Nummer 432 in der Erzählung in Einzelhaft. Dann gab es unter strenger Bewachung täglich halbstündige Hofgänge. Borchert veranschaulicht, wie die Haftumstände Hassgedanken hervorrufen. Die Entdeckung einer einzelnen Löwenzahnblüte, die dort Hundeblume genannt wird, führte zu einem Wandel. Er will sie bei sich haben. Er schafft es mit einigen Tricks und Risiken, sie zu pflücken. Der Gefangene behandelt die Löwenzahnblüte wie eine Geliebte, empfindet Glück und kann dank ihrer Anwesenheit die Last der Gefangenschaft zeitweise vergessen.

Die Hundeblume, Erzählung 1946, Wolfgang Borchert.

Im Buch »Für dich blüht nur der Löwenzahn« von Reinhold Bardenheier (1924–2012) sind die Jahre seiner russischen Kriegsgefangenschaft von 1945 bis 1948 beschrieben. Hunger, schwere körperliche Arbeit und extreme Kälte prägten diese Zeit. Nach dem gescheiterten, sogenannten Vernichtungskrieg gegen

Russland wurden die deutschen Kriegsgefangenen gezwungen, wieder aufzubauen, was ihre Armeen zerstört hatten. Als Bardenheier im Frühjahr mit weiteren Gefangenen auf einem mit Löwenzahn überzogenen Gelände arbeitete, sprach es sich herum, dass das Kraut essbar ist. Die ausgehungerten Menschen rupften jedes Blatt ab, um den Magen zu füllen und sich zu stärken.[137] Vielleicht war es sogar ein Feld des kautschukhaltigen Löwenzahns, den die Deutschen in den kurzzeitig eroberten Gebieten unter Zwang anbauen ließen.

Die Biografie von Bardenheier und die Erzählung von Borchert zeigen, zu was der Mensch in Notzeiten in der Lage ist und trotz schlimmer Erlebnisse und Entbehrungen überleben kann. Bei meinen ersten Recherchen für dieses Löwenzahn-Buch im Januar 2024 stieß ich auf Bardenheiers Bericht und bekam eine Vorstellung davon, was die Kriegsgeneration, wie mein Vater, durchlebt hatte. Die wenigsten konnten ihre traumatischen Erlebnisse so klar weitergeben. Dass kriegsgefangene Offiziere laut Genfer Konvention in Gefangenschaft wesentlich besser behandelt werden als einfache Soldaten, offenbart die Absurdität des Krieges.[138]

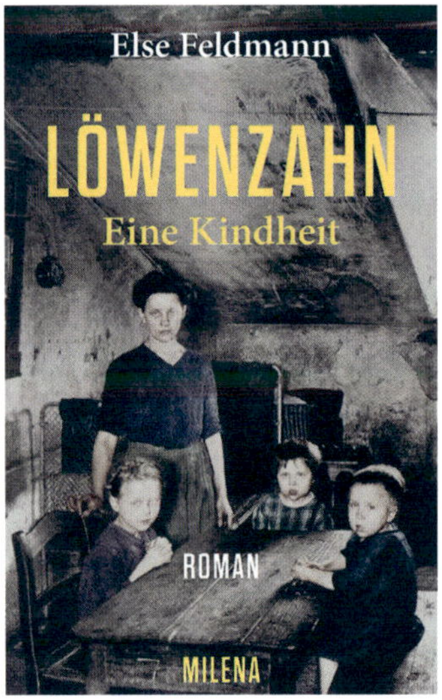

Löwenzahn, das Glück der Gassenkinder.

Im Buch *Löwenzahn* erzählt Else Feldmann stark autobiografisch eine Kindheit in armen Verhältnissen im Wien der 1920er Jahre. »Zwischen Mist und Brotpapier« wuchsen die gelben Blumen, über die sich das Mädchen so freut, dass es eines davon ihrem Kindermädchen mitbringt. Dieses wirft es fort, weil es Unkraut sei, wie die Gassenkinder. Löwenzahn, hier ein Symbol der Freude und Hoffnung in schwierigen Zeiten.

Wandel kann friedlich vonstatten gehen. »Löwenzahn-Wein« ist ein Roman des Schriftstellers Ray Bradbury, in dem mehrere Kurzgeschichten aus dem Jahr 1928 mit autobiografischem Inhalt zusammengefügt sind. Auch steht der Löwenzahn für Freude und Glück. Die 30er-Jahre waren eine Zeit der Armut in Illinois (USA). Die Menschen sammelten wildwachsende Beeren und auch die Blüten des Löwenzahns für den Löwenzahn-Wein. Der 12-jährige Douglas in der Geschichte erzählt die Erlebnisse des Sommers in der Großfamilie und spürt zum ersten Mal das Leben im vollen Bewusstsein eines Heranwachsenden.

Ein weiterer Klassiker von Ray Bradbury, »Fahrenheit 451«, erstmals erschienen 1954, ist eine Dystopie, in der Bücher als Gefahr gesehen werden. Bücher seien imstande, Leute zu verwirren und verleiten dazu, unbequeme Fragen zu stellen. Der Protagonist ist Feuerwehrmann und hat die Aufgabe, meist durch Denunziation aufgespürte Bücher zu verbrennen. Auch in dieser Erzählung wird die Pflanze des Wandels mehrfach erwähnt. Der Bücherverbrenner wird zum Rebellen und überlebt einen Krieg mit ein paar wenigen anderen Menschen. Hier habe ich an mein Brennnessel-Buch denken müssen, das noch vor 15 Jahren in Frankreich verboten gewesen wäre, weil es ein Rezept für Brennnesseljauche enthält.

Auf dem Cover der 10. Ausgabe 1988 des politischen Magazins *Sputnik* ist der Löwenzahn abgebildet.[139] Diese Ausgabe wurde von der SED-Führung der damaligen DDR verboten, weil dort der 1939 geschlossene Pakt zwischen dem Deutschen Reich und der Sowjetunion thematisiert wurde (auch Hitler-Stalin-Pakt oder Molotow-Ribbentrop-Pakt genannt). Die Vertragspartner verpflichteten sich zu gegenseitiger Neutralität im Kriegsfall. Die Aufteilung Polens und der Baltikumstaaten wurde in einem geheimen Protokoll festgelegt. Diese Vereinbarungen wurden in den späten 80er-Jahren öffentlich und zunächst als staatsfeindliche Verleumdung verurteilt.[140] Der Löwenzahn ist hier ein Symbol für Wahrheit und ein Vorbote zum Fall der Mauern.

Auch in neueren Geschichten kommt der Löwenzahn vor. Im Buch der *Tribute von Panem* von Suzanne Collins ist der Löwenzahn die Lieblingspflanze von Katniss, der Hauptfigur und Heldin. Im erfolgreichen Kinofilm haben die Pflanzen leider weniger Bedeutung. Der Löwenzahn steht für Hoffnung und hilft beim Überleben.[141] Im sogenannten »Berglied« singt Katniss: »Hier ist es sicher, hier ist es warm, hier beschützt dich der Löwenzahn. Süße Träume hast du hier und morgen erfüllen sie sich. An diesem Ort, da lieb ich dich.«[142] Im Buch hat der Kater ihrer Schwester den Namen *Buttercup* (Butterblume). Hier

Katniss schätzt den Löwenzahn

»What I need is the dandelion in the spring. The bright yellow that means rebirth instead of destruction. The promise that life can go on, no matter how bad our losses. That it can be good again.« [143]

»Was ich brauche, ist Löwenzahn im Frühling. Das helle Gelb, das Neugeburt anstatt Zerstörung bedeutet. Das Versprechen, dass das Leben weitergeht, gleichgültig wie schrecklich die Verluste waren. Dass es wieder gut sein kann.«

Untypisch psychedelische Schallplatte der Rolling Stones im »Summer of Love« 1967. Schon im Herbst 1967 galt die Blumenkinderzeit als gestorben.

könnte auch Löwenzahn gemeint sein. Buttercup ist der einzige Überlebende, als das Heimatdorf von Katniss zerstört wurde.

Ebenso kommt Löwenzahn bei Harry Potter vor. Harry trinkt im Band *Orden des Phönix* gekühlten Löwenzahn-Saft in der Hütte von Hagrid, dem Riesen. Und auch im Kräuterschrank der Schule sollen Löwenzahnwurzeln für die Zaubertränke aufbewahrt sein.[144]

Die Orakelpflanze

Im Lied *Dandelion* der Rolling Stones heißt es *»Dandelion don't tell no lies. Dandelion will make you wise«*. Der Löwenzahn erzählt keine Lügen, Löwenzahn macht dich weise. Löwenzahn kennt keine Zeit, heißt es weiter. Ein psychedelischer Song, der zuerst auf der B-Seite der Single von *»We Love You«* im sogenannten Summer of Love, dem Höhepunkt der Hippie-Bewegung im Jahr 1967, veröffentlicht wurde.[145] Eine Zeit des Wandels mit heftigen Auseinandersetzungen, Festivals und Anti-Kriegs-Demonstrationen. Im Herbst symbolisierte die Veranstaltung *Death of a Hippie* am 6. Oktober 1967 den Untergang der echten Hippiebewegung. Hippie-Sein war zu einer Mode degradiert. Das Lebensgefühl von Freiheit, Liebe und Naturverbundenheit meist nur noch imitiert.[146] Einflussreiche Kunstschaffende wurden in dieser Zeit verfolgt oder diffamiert. Einige sind jung gestorben, waren vielleicht den Verführungen des Ruhms nicht gewachsen, andere haben sich zurückgezogen oder angepasst. So ging diese Phase des Wandels ohne wirklichen Neuanfang vorüber. Doch mit der Musik und der Kunst wurde ein Samen gelegt.

Im Volksglauben ist der Löwenzahn als Orakelpflanze bekannt. Es wird zum Beispiel gefragt, wie lange habe ich noch zu leben, in wie vielen Jahren werde ich heiraten, oder wie viele Kinder werde ich haben. Wer wissen möchte, ob jemand Bestimmtes in Liebe an einen denkt, befragt die Pusteblume. Wenn ein Schirmchen beim Pusten hängen bleibt, kann man sicher sein, dass er oder sie dich nicht vergessen hat.

Die Zauber- und Wunschpflanze

Liebeszauber waren früher begehrt, zumal das eigene Schicksal davon abhing, mit wem man sein Leben lang ehelich verbunden wurde. Dem Milchsaft des Löwenzahns werden manchmal aphrodisierende, liebesfördernde Eigenschaften nachgesagt, was sich vermutlich auf die allgemein belebende Wirkung bezieht. Überlieferungen besagen, dass die Samen an den Flugschirmchen mithilfe der Luftgeister, auch *Sylphen* genannt, Botschaften zum Auserwählten tragen können.

Es heißt außerdem, dass, wenn man sich mit Löwenzahnblüten abreibt oder mit dem weißen, verdünnten Löwenzahnlatex wäscht, wird man so schön, bekommt eine so angenehme Ausstrahlung, dass man jedermanns Gunst erwirbt.[147] Ein Schönheitsmittel für unsere Haut ist es allemal.

Rituale zur Wunscherfüllung gibt es zahlreiche. Der Wunsch wird in die Luft geblasen. Wenn man es schafft, alle Schirmchen auf einmal wegzupusten, gehen die Wünsche in Erfüllung. Sich zu überlegen, was möchte ich, ist der erste Schritt der Wunscherfüllung. Vielleicht ist es so, dass das Hinausblasen des Wunsches bewirkt, die Wünsche loszulassen, zufrieden mit dem zu sein, was ist. Mir geht es oft so, dass ich mich nicht erinnere, was ich mir gewünscht habe, bis auf wenige Herzenswünsche, die auch nach Jahren verwirklicht werden wollen und einem spontan bei Sternschnuppen oder Kometen einfallen. Auf Kreta habe ich zum dritten Mal in meinem Leben sogar einen Kometen verglühen sehen. Wirkliche Herzenswünsche sind groß, nicht so schnell erledigt, vielleicht braucht es sogar mehrere Leben, aber ich spüre, dass manche Wünsche meinem Leben Hoffnung und Lebendigkeit bringen.

Die Pflanze wurde außerdem gegen Verfluchungen und Unheil eingesetzt. Tieren im Stall wurden drei Blüten des Löwenzahns zu fressen gegeben, um ein Unheil zu lösen. Menschen mit Augenleiden trugen die Wurzel in einem Beutelchen, um Dämonen zu vertreiben. Räucherungen sollen negative zu positiven Gedanken umlenken, uns stärken, wenn große Herausforderungen oder ein Wandel bevorstehen. Außerdem wird Löwenzahn bei Berufungen oder Beschreiungen eingesetzt,

Cecily Mary Baker von 1923 Dandelion Fairy.

Von dunklen Wurzeln zu sonnigen Blüten. Transformation, Wandel, Hoffnung verkörpert die Pflanze.

also nach traumatischen Erlebnissen oder einem bösen Blick. Insbesondere für Kinder wird dann mit Löwenzahn geräuchert.[148]

Man kann magische Rituale und Zaubereien ganz rational betrachten. Unser Tun und auch unsere Gedanken haben Wirkung. Der *Placebo*-Effekt durch Scheinmedikation oder Scheinoperationen ist so erklärbar. Ebenso wurde der *Nocebo*-Effekt wissenschaftlich untersucht. Glaubt ein Mensch, er wird sterben, kann das zu Krankheit und Tod führen, auch Voodoo-Zauber funktionieren vermutlich auf diese Weise. Schafft es ein »Zauberer«, todbringende Gedanken oder Panik in einem Menschen zu verankern, sind es die eigenen Gedanken, die ihm zusetzen. Auch Allergien oder Unverträglichkeiten können herbeigedacht sein.[149] Geistheilung kann bei nicht körperlich bedingten Beschwerden wirksam diese Gedanken auflösen.

Rituale und Gebete können ebenso helfen, uns zu zentrieren, uns zu fragen, welchen Weg wir gehen wollen, um dann gezielt Beistand zu erbitten. Ob wir es selbst sind, weil wir uns zentrieren und auf unseren Willen konzentrieren oder Geistwesen uns helfen, ist dann für die Wirkung nicht ausschlaggebend.

In der heutigen Zeit sind wir zahlreichen Ablenkungen und Manipulationen ausgesetzt. Unser Handeln wird oft nicht von unserem Willen gelenkt, sondern von dem, was uns eingeredet wird, was andere uns als erstrebenswert eintrichtern. Geistheilung und der Schutz vor destruktiven Gedanken ist deshalb wichtiger denn je.

Die Transformationspflanze

Löwenzahn ist die Transformationspflanze schlechthin. Sie zeigt, wie es geht. Sie bildet zunächst tiefe Wurzeln, um stark zu sein, ist flexibel gegenüber Umwelteinflüssen, wandlungsfähig, unabhängig und fliegt mit dem Wind.

Ihr Erscheinen wurde früher in manchen Gegenden als ein Zeichen für eine unerwartete und dramatische Veränderung im Leben eines Menschen gesehen. Früher gab es den Löwenzahn viel seltener. Die Pflanze konnte plötzlich auf einer Wiese auftauchen. Die heutige Bedeutung des Löwenzahns als Symbol für Hoffnung und Freude kann vielleicht damit erklärt werden, dass die Deutung stark davon beeinflusst ist, ob wir etwas als Glück oder Unglück bewerten. Wollen wir, dass alles bleibt wie es ist, oder leiden wir unter einem Stillstand? Wollen wir ein persönliches Wachstum? Können wir kreativ, flexibel und leicht mit neuen Herausforderungen umgehen? Oder haben wir Angst vor Neuem?

In der Symbolik des Christentums und einiger anderer Glaubensrichtungen wird die Metamorphose von der gelben Blüte zur Pusteblume zum Symbol für Licht und Leben. Löwenzahn wird als Symbol für Christus verwendet: Tod und Auferstehung sind an der Pflanze deutlich sichtbar. Der auferstandene Christus wird auch als »leo fortis«, starker Löwe, bezeichnet. Zudem blüht der Löwenzahn üppig zum Auferstehungsfest Jesu. Die geringe Wertschätzung der einst hochgeschätzten Pflanze sieht der Theologe und Publizist Becker-Huberti als Sinnbild für den Rückzug des Christlichen aus der Gesellschaft.[150]

Zeichnung für den 500-DM-Geldschein im Jahr 1992 (MARIA SIBYLLA MERIAN, 1679).

Weitere Darstellungen des Löwenzahns

Der frühere Geldschein mit dem Wert von 500 DM trug auf einer Seite einen Kupferstich des Löwenzahns (Erstausgabe 1992). Die Malerin, Kupferstecherin und Naturforscherin aus Frankfurt, Maria Sibylla Merian (1647–1717), wird mit dieser Darstellung gewürdigt und ebenso der Löwenzahn.

Die Briefmarke aus dem Jahr 1977 aus dem Entwurf von Heinz Schillinger wurde als Sondermarke gedruckt. Auch in der Schweiz und Österreich gab es Briefmarken mit dem Löwenzahnmotiv.

Der Pariser Verlag Larousse, der Wörterbücher, Enzyklopädien, Fachlexika und Schulbücher herstellt, trug lange im Logo eine Frau, die eine Pusteblume bläst. Es sollte die Wissensverbreitung symbolisieren: »Ich säe aus in alle Winde.«

Sonderbriefmarke (Entwurf Heinz Schillinger, 1977).

Der Verlag Larousse wählte den Löwenzahn als Symbol der Wissensverbreitung.

MYTHEN UND GESCHICHTEN

Griechische Amphore (ca. 520 v. Chr.). THESEUS besiegt den Minotaurus auch mit Hilfe von Löwenzahn.

Griechische Mythologie

In der griechischen Mythologie gilt der Löwenzahn als Symbol des Frühlings und der Erneuerung. Einige Schriften deuten darauf hin, dass der Löwenzahn HEKATE, der Göttin der Magie, der Unterwelt und Dunkelheit, zugeordnet wird. Um in Kontakt mit HEKATE zu kommen, soll man eine Kette aus getrockneten und aufgereihten Löwenzahnwurzeln tragen. HEKATE kann jeden Wunsch erfüllen, aber auch verhindern. Sie kann helfen, wenn sich verschiedene Wege auftun und man nicht weiß, welchen man wählen soll.[151]

Der Löwenzahn wird auch mit den Mondzyklen in Verbindung gebracht und ist somit auch eine Frauenkraftpflanze. HEKATE gab der Königstochter MEDEA Löwenzahn, damit sie ihre Zaubertränke brauen konnte.[152] In einer griechischen Sage hat HEKATE dem Helden THESEUS einen Monat lang Löwenzahn-Speisen gegeben, um ihn für den Kampf mit dem *Minotaurus* zu stärken. Verschiedene antike Autoren behandelten den Mythos um THESEUS und den Kampf mit dem Minotaurus. Die Inhalte sind teilweise abweichend.[153] ARIADNE, die Tochter des Königs MINOS, half demnach THESEUS, mit einem roten Wollfaden aus dem Labyrinth herauszufinden. Nach meiner Kreta-Reise besorgte ich mir das Strickbuch *Ariadnes Fäden*, auch dort ist der Mythos aus *Knossos* auf der Insel Kreta beschrieben.[154] Kurz darauf sah ich eine Dokumentation über die Priesterinnen der minoischen Kultur auf Kreta. Es wird vermutet, dass dort eine Art Matriarchat gelebt wurde.[155] Wenn sich alles so fügt und sich Zusammenhänge bilden, kommt es mir vor, als würde ich auch einem roten Faden folgen, dessen Sinn sich erst nach und nach erschließt. Es macht das Leben auf jeden Fall wundervoller, lässt man Magie und Intuition zu.

Der Monat der HEKATE ist der November, der 16. November ist der Tag, an dem sie verehrt wird. Es wird empfohlen, die Wurzel in diesem Monat zu ernten. Auch bei uns wird der Löwenzahn mit *Samhain*, dem Sommerende, in Verbindung gebracht, die Zeit, in der die Schleier zwischen den Welten durchlässiger sind.[156]

Keltische Mythologie

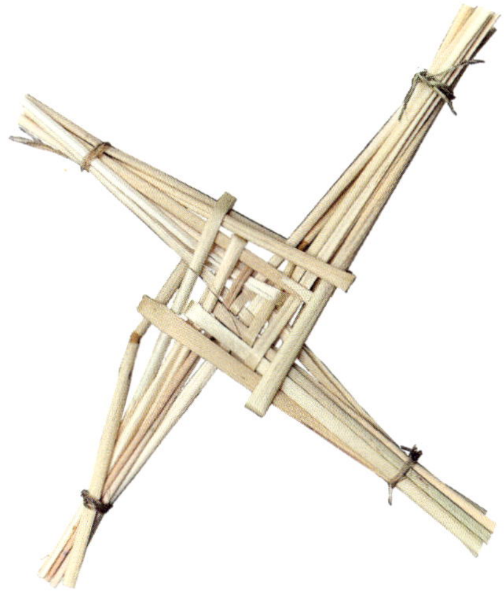

Brigids Kreuz (hier aus Stroh) kann man auch mit Löwenzahnstängeln flechten (siehe Seite 163).

Löwenzahn ist in der keltischen Mythologie der Göttin Brigid zugeordnet, der Göttin des Neubeginns, des Frühlings. Brigid ist die Tochter von Dagda, die wiederum dem Planeten Jupiter beigeordnet wird. Löwenzahn gilt als Heilpflanze und Geburtshelfer. Sie wird als Beschützerin der Schmiede und Inspirationsquelle der Poetinnen und Poeten genannt. Außerdem wird sie als Schutzpflanze für Frauen und Kinder gesehen.[157]

Indianische Traumdeutung

Im Medizinrad-Traumbuch von Sun Bear und Wabun werden dem Löwenzahn belebende und Körper erneuernde Kräfte zugesprochen. Er hilft, die Verwurzelung mit der Erde zu erkennen, die eigene Kraftquelle zu entdecken, auch die Kraft des Windes wird mit der Pflanze assoziiert. Der Löwenzahn unterstützt den Menschen, in eine neue Lebensphase zu wechseln.[158]

Aus Irland: Wie der Löwenzahn entstand

Diese irische Geschichte habe ich von einer Geschichtenerzählerin gehört, und sie hat es von einem anderen Geschichtenerzähler gehört. Es ist eine alte Geschichte, die im Buch »Why the Moon Travels«, von Oein DeBharduin aufgeschrieben wurde.[159] Geschichten werden in der Erzählkunst weitergetragen, und jeder Erzähler, jede Erzählerin bringt seine Persönlichkeit, ihre Kultur mit ein. Hier meine Kurzversion.

Irland ist dafür bekannt, dass es dort viel regnet. Die grüne Insel wird sie genannt. Es gab eine Zeit, da regnete es über viele Monate fast ununterbrochen. Der Himmel war ständig grau, meistens gab es Nieselregen, alles war klamm und nass. Die Wäsche wurde nicht trocken, das Feuerholz war feucht. Ein Picknick im Grünen oder draußen ein Fest feiern, das konnten die Inselbewohner schon lange nicht mehr. Die Menschen hatten den Regen, die Nässe so satt und waren ständig schlecht gelaunt. Alles war voller Matsch. Sie wünschten sich die Sonne so sehr, dass sie zu den weisen Spinnerinnen gingen. Sie sagten ihnen, sie wollen, dass die Sonne wieder scheint, ob sie nicht die Wolken beiseite schieben könnten. Sie würden die grauen Wolken nicht mehr ertragen und möchten wieder tanzen, lachen, die Wäsche trocknen. Die Spinnerinnen fragten, ob sie das denn gut überlegt hätten, ob sie es wirklich wollten? »Ja, wir wollen es, die Sonne soll wieder scheinen.« Die Spinnerinnen fragten noch einmal und die Menschen sagten »ja, wir wollen es«. Ein drittes Mal fragten sie eindringlich, ob sie ganz sicher seien. »Ja«, sagten sie mit Bestimmtheit. So schoben die Spinnerinnen die Wolken beiseite, die Sonne kam zum Vorschein und der Regen hörte auf. Die Menschen freuten sich sehr. Sie feierten Feste, tanzten und lachten. Viele Wochen freuten sie sich am Sonnenschein. Doch dann trockneten die Flüsse und Seen aus, Quellen versiegten, die Erde bekam Risse und die Pflanzen ließen ihre Blätter hängen. Früchte fielen unreif zu Boden, das Gemüse wuchs nur klein oder gar nicht mehr. Dann starben die ersten Tiere, sie fanden nicht genug Wasser. Die Kühe auf den Weiden gaben keine Milch mehr. Alte Menschen und kleine Kinder litten besonders unter der Trockenheit, es starben immer mehr Menschen vor Schwäche. Auch im Winter regnete es nicht, und es wurde nachts durch den klaren Himmel sehr kalt. Die Menschen gingen in ihrer Not wieder zu den Spinnerinnen, doch diese wiesen sie ab, sie könnten nichts tun. Sie hatten gewollt, dass sie ins Naturgeschehen eingriffen und nun müssten sie damit zurechtkommen. Die Spinnerinnen hatten nicht die Macht, es rückgängig zu machen. Die Menschen wussten nicht mehr, was sie tun könnten. Und hofften jeden Tag auf Regen.

Da gab es ein Mädchen unter ihnen, es hieß Brigid. Sie konnte es nicht mitansehen, wie ihre Familie und besonders ihr kleiner Bruder immer schwächer wurden. Sie wollte etwas tun, sie liebte sie doch so sehr. Sie beschloss, Bruder Sonne zu bitten, nicht mehr so stark zu scheinen, damit die Wolken wiederkämen. Sie ging aus dem Dorf und rief zur Sonne, doch Bruder Sonne antwortete nicht. Sie rief den ganzen Tag und auch in der Nacht. Sie sah die Sterne und stieg auf einen Berg. Vielleicht würde der Abendstern sie hören und ihre Bitte weitertragen. Sie rief zum Stern hinauf. »Abendstern, hilf mir bitte. Sag Bruder Sonne, dass er nicht mehr so stark scheinen möge, wir brauchen wieder Regen, wir sterben sonst.« Der Stern leitete die Bitte an Bruder Sonne weiter, doch er antwortete nur, dass die Menschen es doch so wollten. Ihm gefällt der blaue Himmel. Das Mädchen war sehr traurig. Der Stern meinte: »Vielleicht kann dir Schwester Mond helfen, warte auf die Mondin, sie wird bald aufgehen.« Und wirklich, bald erschien Schwester Mond am dunklen Nachthimmel, und Brigid rief zur Mondin. »Oh, liebe Mondin, kannst du uns helfen. Wir Menschen leiden so sehr. Wir hatten so lange schon keinen Regen mehr, die Sonne scheint so stark seit vielen Monaten. Flüsse und Seen trocknen aus. Kannst du uns helfen? Kannst du die Wolken holen, damit es wieder regnet? Bruder Sonne mag nicht aufhören zu strahlen. Jetzt sterben schon kleine Kinder, und wir werden alle immer schwächer.« Schwester Mond wollte dem Mädchen gerne helfen, sie war gerührt von ihrem Mut, ihrer Willenskraft und Hingabe. So sagte die Mondin: »Ich will tun, was ich kann.« So zog sie Richtung Meer und sog das Wasser hoch, sie wollte es in den Himmel ziehen, damit es zu Wolken würde. Sie zog und zog, das Wasser schwappte aufs Land, doch es schwappte wieder zurück. Ihre Kraft reichte nicht aus. Sie probierte es immer wieder, doch es gelang nicht.

So gab sie auf und sagte dem Mädchen, dass sie nichts tun könne, es tut ihr sehr leid. Am Tag werde sie mit Bruder Sonne sprechen, er ist der Einzige, der die Wolken zurückholen kann. Also näherte sich die Mondin am folgenden Tag Bruder Sonne und bat ihn, den Menschen zu helfen. Doch Bruder Sonne war unerbittlich. Nein, die Menschen wollten es so, er liebte es, so zu scheinen, keine Wolke verdeckte ihn, und er konnte strahlen. Die Menschen müssten nun damit zurechtkommen.

Da weinte das Mädchen, nun wusste sie nicht weiter und machte sich auf den Heimweg. Sie stieg den Berg hinab und gelangte auf ein offenes, verdorrtes Feld. Sie war völlig entkräftet. Schließlich brach sie zusammen und lag leblos auf dem Feld. Zuerst sah der Abendstern das Mädchen auf dem Boden liegen.

Der Anblick ging ihm so sehr ans Herz, dass ihm die Tränen heruntерliefen. Sie fielen auf die Erde. Dann sah die Mondin das Mädchen und weinte viele stille Tränen, die auf das Feld um das Mädchen herum fielen. Sie fielen auf die Tränen des Abendsterns. Und dann, überall, wo die Tränen des Mondes und des Abendsterns die Erde berührt hatten, wuchsen grüne Blätter. Rund um das Mädchen herum wurde es grün. Als Bruder Sonne das sah, war auch er tief berührt, sodass ihm große Tränen herunterliefen und auf diese kleinen Pflänzchen fielen. Daraufhin wuchsen Knospen, dann reckten sich Stängel zum Himmel. Die Knospen öffneten sich, und die Blüten strahlten wie die Sonne. Mehr und mehr Blüten öffneten sich, und das Feld wurde zu einem gelb-grünen Blütenteppich. Die Pflanzen wuchsen sehr schnell, und als sie sich schlossen und es schien, dass sie verblüht waren, da öffneten sie sich ein letztes Mal. Sie waren zu einer hellen Kugel verwandelt, hell wie die volle Mondin. Dann kam eine Windböe, und viele kleine Samen mit sternenförmigen Flugschirmchen flogen hoch und weit durch die Luft.

Bruder Sonne ließ wieder Wolken über das Land ziehen. Die Menschen beschwerten sich nie wieder über Regen. Sie feiern und ehren das Mädchen Brigid, wenn es Frühling wird, der Löwenzahn wächst und alles wieder grün wird.

Sonne, Mond und Sterne sind im Löwenzahn enthalten. Und wenn ihr die Wurzel ausgrabt, könnt ihr darin vielleicht sogar das Mädchen Brigid erkennen.

Die Elfe, die mit den Blumen sprach

In dieser Legende bekommt der Löwenzahn seine besondere Kraft durch seine Bescheidenheit. Man findet einige ähnliche Erzählungen. Ich erzähle hier meine Version, die aus den verschiedenen Fassungen inspiriert ist.[160]

Die Legende besagt, dass, als die Erde noch ganz jung war, viele Elfen, Feen und Kobolde damit beschäftigt waren, sie noch schöner zu machen. Jedes Wesen wählte sich etwas aus, auf das es besonders aufpassen wollte. Es sollten ihre besonderen

Schützlinge sein. Eine Elfe konnte sich gar nicht entscheiden, sie liebte alle Pflanzen und ganz besonders die Blumen. Sie wollte einige befragen, um besser entscheiden zu können. Sie sprach also mit den Blumen.

Sie fragte zunächst Tulpen, Narzissen, Rosen und das Veilchen, wo sie denn am liebsten wachsen würden. Die Tulpe meinte: Ich möchte in den schönsten Gärten wachsen, ich möchte mit meinen Blüten Prinzessinnen und Prinzen eine Freude machen. Die Narzisse meinte, ich möchte ganz früh im Jahr blühen, ich will zum Frühlingsfest in den Gärten und zwischen den Osternestern blühen, auf den feinen Festtafeln mit meinen leuchtenden Blüten bewundert werden. Die Rose meinte, sie wolle am liebsten an Schlössern und Burgen entlang wachsen. Königinnen und Könige sollen sich an ihren Blüten und dem Duft erfreuen. Sie alle wollten bewundert werden, waren stolz und sprachen die ganze Zeit über ihre Schönheit. Die Elfe mochte diese Prahlerei nicht. So fragte sie das kleine, etwas versteckt wachsende Veilchen. Das Veilchen sagte, es wolle nicht so auffallen, am liebsten am Waldrand oder im Gras versteckt sein, es mag keinen Trubel und möchte gerne seine Ruhe haben. Die Elfe war aber sehr quirlig und wollte so gerne auch mit ihren Freunden spielen.

Dann sah sie etwas von Weitem auf einer Wiese an einem Felsen fröhlich gelb schimmern. Die Elfe flog schnell dorthin und sah einige Blüten des Löwenzahns in der Sonne leuchten. Sie fragte also den Löwenzahn, wo er denn am liebsten wachsen wolle. Der Löwenzahn sagte: »Ich bin zufrieden, dort zu wachsen, wo der Wind mich hinträgt. Ich habe keine Wünsche, ich liebe die Erde, den Himmel, den Regen und vor allem die Sonne. Ich bin gerne überall, wo Kinder sind, damit sie mit mir spielen können. Überall bin ich gerne, auch wenn es nur eine Steinritze ist. Ich möchte mit den Menschen spielen, ihnen Freude und Kraft geben.«

Die Elfe hatte also ihre Blume gefunden, ihren Gefährten, ihren Freund. Sie gab der Pflanze besondere Kräfte, denn sie wusste, diese Pflanze würde damit nicht prahlen. So wurde der Löwenzahn zu einer wertvollen Heilpflanze und kann niemals verschwinden, weil die Elfe sehr gut auf sie aufpasst.

LÖWENZAHN-KUNST

Das große Rasenstück, ALBRECHT DÜRER, Aquarell und Deckfarben, 1503.

Von Realismus bis Expressionismus

Eine Löwenzahnpflanze realistisch zu zeichnen, benötigt besondere Aufmerksamkeit und Beobachtung. Die Formenvielfalt der Blätter, Blüten und Samenstände machen sein Wesen aus. Das gemalte Wiesenstück von ALBRECHT DÜRER (1471–1528) sticht mit dieser Naturstudie aus der Renaissancemalerei heraus.

In Asien, insbesondere Japan, gab es schon früh sehr aufs Wesentliche reduzierte Naturzeichnungen und Malerei, wie der Hase und Löwenzahn von KUBO SHUNMAN (1757–1820).

BERTHA WEGMANN (1847–1926) war die erste Frau, die an der Königlich Dänischen Akademie der Schönen Künste unterrichten durfte. Schon in frühen Kindheitsjahren zeigte sich ihre Leidenschaft für die Malerei. Jedoch erst mit 19 Jahren wurde sie intensiv unterstützt. Sie gehörte zu den Ersten, die lieber draußen malten als in einem Atelier.[161] Ihre Vase mit dem Löwenzahn zeigt die Pflanze wild und naturnah. Die Schere schneidet den Schicksalsfaden? Die Lebendigkeit der Pflanze steht im Kontrast zum starren, dunklen Möbelstück und der metallenen Schere.

Les pissenlits, JEAN-FRANÇOIS MILLET, Pastell auf Papier, Museum of Fine Arts, Boston, USA.

Löwenzahn, BERTHA WEGMANN, Öl auf Leinwand, Datum unbekannt.

Jean François Millet (1814–1875) gilt als Maler des Realismus, er hat viele Bilder mit Naturbezug und dem ländlichen Leben geschaffen. Impressionisten wie Claude Monet ließen sich dann noch mehr auf den direkten Eindruck insbesondere in der Natur ein. Die Impression, die sinnlichen Eindrücke beim Betrachten flossen im Impressionismus in die Werke ein. So konnte sich die Malerei gegenüber der aufkommenden Fotografie weiterentwickeln.

Van Gogh (1853–1890) war ein großer Bewunderer der Kunst Millets. Er kopierte einige seiner Motive und entwickelte dann seinen eigenen Stil, der die moderne Malerei des Naturalismus, Impressionismus und Expressionismus begründete. Der persönliche Ausdruck des Künstlers, die Expression, kam hinzu. Er lässt sich beim Malen ganz auf Struktur, Rhythmus und Farbe ein und kreierte eine Löwenzahnwiese mit schnellem Pinselstrich, der die Schwingung einfängt.

Hare and Dandelion, Kubo Shunman, Holzschnitt, Tusche auf Papier 1820, Metropolitan Museum of Art.

Les pissenlits, Vincent van Gogh, Öl auf Leinwand, 1889.

Gegenwartskunst

Die japanische Künstlerin YAYOI KUSAMA (*1929) zeichnet und malt seit ihrem zehnten Lebensjahr. Ihre Begabung wurde jedoch nicht gefördert, weil es für ein Mädchen aussichtslos schien, sich in der Welt der Kunst zu etablieren. Sie setzte sich aber durch und durfte eine Kunstschule in Kyoto besuchen. KUSAMA verfügt über eine außergewöhnliche Sensibilität, die nervöse Schwingungen der Umgebung als Punkte, Auren, Netze, Blitze und Glitzern wahrnimmt. Ihre Kunst ist in einzigartiger Weise davon geprägt. Ihre Visionen und Halluzinationen lösten jedoch Ängste aus. Der Psychiater SHIHO NISHIMARU erkannte die Genialität ihrer Kunst und riet ihr, Japan zu verlassen, um sich künstlerisch weiterentwickeln zu können.

KUSAMA ging nach New York. Sie schloss sich keiner Kunstbewegung an, prägte jedoch die New Yorker Avantgarde und

Dandelions, YAYOI KUSAMA, 1984, Japan.

inspirierte Kunstschaffende wie Andy Warhol. Formen, Strukturen und insbesondere ein Selbstporträt in Form einer Sonnenblume zeigt ihre besondere Verbindung zur Natur. Seit 1973 lebt sie wieder in Japan, und mit ihren mittlerweile 96 Jahren arbeitet sie immer noch an neuen Werken und Ausstellungen. Sie gehört zu den bedeutendsten international ausstellenden Kunstschaffenden. Eine große Retrospektive gab es im Jahr 2025 in Basel. Außergewöhnlich ist auch ihre Darstellung des Löwenzahns, die wir hier freundlicherweise abbilden dürfen.[162]

Abstrakte Werke stellen Wesentliches heraus. Auf Farbe reduziert zum Beispiel von Rafał Bujnowski (*1976) in einem Ölgemälde, wo das Sonnenwesen des Löwenzahns deutlich wird. Der international bekannte polnische Künstler gründete die Künstlergruppe *Ladnie*, was *schön* bedeutet. Im entspannten Fernblick betrachtet, entsteht der Eindruck einer Wölbung wie beim Löwenzahn.

Dandelion, Rafał Bujnowski, 2016, Öl auf Canvas.

SIGNATUR DES LÖWENZAHNS

Im Folgenden sind Merkmale, Beobachtungen und Beschreibungen des Löwenzahns zusammengefasst, wie es in der Signaturenlehre gemacht wird, um möglichst viele Aspekte der Pflanze kennenzulernen und daraus Wirkungen abzuleiten.

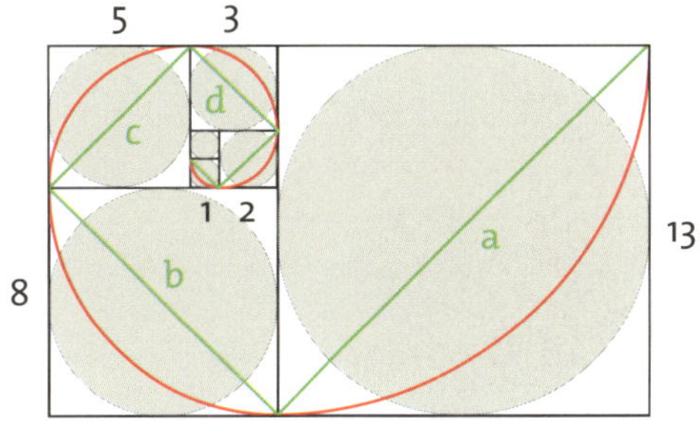

Fibonacci-Folge, Goldene Spirale und Goldener Schnitt (Zahlenfolge): 1, 1, 2, 3, 5, 8, 13, 21, …
Teilungsverhältnis:
$(a + b) : a \approx (b + c) : b \approx (c + d) : c \approx 1{,}618$
$\varphi \approx 1{,}618$

Diese Verhältniszahlen sind einerseits harmonisch und andererseits funktionell: eine sogenannte heilige Geometrie, die Wachstumsstrukturen in der Natur bestimmt.

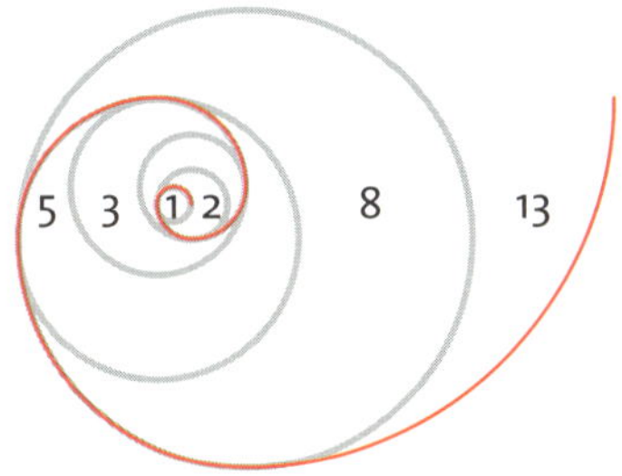

Mathematik und Goldener Schnitt

Wissenschaftlerinnen und Wissenschaftler, insbesondere, diejenigen, die sich mit Pflanzen beschäftigen, sind von der Schönheit der Strukturen in der Natur ergriffen. *Heilige Geometrie* wird diese formvollendete Architektur genannt. Auch der Samenstand der Pusteblume enthält eine regelmäßige Anordnung im Rhythmus der sogenannten *Fibonacci-Sequenz*.[163] Diese Gesetzmäßigkeiten waren schon den Indern und Griechen in der Antike bekannt.[164] Der *Goldene Schnitt* beschreibt das Verhältnis zwischen zwei Größen, bei dem der kleinere Teil zum größeren im selben Verhältnis steht, wie der größere Teil zum Ganzen. Das Teilungsverhältnis wird mit dem griechischen Buchstaben *phi* (φ) bezeichnet und hat den gerundeten Wert 1,618.[165] Die Ziffernfolge hinter dem Komma ist unendlich. Erst als ich diese Strukturen selbst gezeichnet habe, wurde mir die Genialität und Bedeutung klar.

Kornkreis von Woodborough Hill, Wiltshire UK aus dem Jahr 2000.

Linke Seite: Pusteblumenkopf in ähnlicher Anordnung.

Materie entsteht durch Schwingung. Emma Kunz kreierte Werke zur Heilung und um Erkenntnisse über das Leben zu gewinnen.

Ästhetische Harmonie und Funktionalität gehen mit diesen Maßen einher und werden von Gestaltern bewusst oder auch unbewusst angewandt. Das Wachstum der Blätter in der Rosette, auch die Blütenblätter sind so angeordnet, dass kein Blatt genau über einem anderen liegt, und später nutzen die Samen des Löwenzahns in dieser Einteilung den Platz optimal aus. Die Form ermöglicht das Wachstum aus der Mitte heraus, ohne dass sie sich grundlegend verändert. Als Tonintervalle lassen sich diese harmonischen Verhältnisse zudem hörbar machen.[166]

Die Heilerin, Naturforscherin und Künstlerin Emma Kunz (1892–1963) hat zeichnerisch nach Erkenntnissen über Mensch und Natur geforscht. Sie nannte ihre Aufzeichnungen »Gestaltung und Form als Maß, Rhythmus, Symbol und Wandlung von Zahl und Prinzip«.[167] Gestalt und Form entstehe durch die Wahl von zwei Zahlen, die miteinander verbunden und entfaltet werden.[168] Kunz lebte lange in Brittnau, Kanton Aargau, und in Waldstatt im Kanton Appenzell Ausserrhoden am Fuße des Säntis in der Schweiz. Es gibt ein Museum in Würenlos und eine Grotte, die sie besuchte, um sich energetisch aufzuladen und der sie das mineralreiche Gestein für Heilzwecke entnahm.[169] Auch andere Künstlerinnen und Künstler dieser Zeit, wie Kandinsky und Haeckel, arbeiteten mit den Grundelementen Punkt, Linie, Fläche. Haeckel führte wie Kunz die unendliche Mannigfaltigkeit der Tier-, Pflanzen- und Kristallgestalten auf einfache geometrische Formen zurück. »Die organische Natur sei letztendlich eine Materie gewordene mathematische Idee.«[170] Goethe hatte beobachtet, dass Pflanzen sich aus Kreisen heraus entwickeln, und Paracelsus hatte im 15. Jahrhundert die Zusammenhänge zwischen Geometrie, Kosmographie, Maß, Gewicht und Zahlen beschrieben. Anfang des 20. Jahrhunderts gewannen die mehr als 2000 Jahre alten Lehren des griechischen Philosophen und Mathematikers Pythagoras durch Rudolf Steiners (1861–1925) Vorträge wieder an Aufmerksamkeit: »Das Wissen über die Natur der Zahlen führt tief hinein in das Wesen der Dinge.«[171] Symbole sind »sichtbar gewordene Reflektionen kosmischer Urformen, gestaltet nach metamathematischen Zahlengesetzen«, schreibt Kunz.[172] Ein Schlüssel zum Verständnis von Zeit, Raum und Multidimensionalität.

Planetenschwingung und Materie

Alchemisten und die früher meist auch spirituell verbundenen Wissenschaftler gingen davon aus, dass Himmelskörper durch ihre Schwingung Materie prägen. PYTHAGORAS beschrieb dies unter anderem mithilfe der Musikwissenschaft. Er nahm an, dass die Bewegung eines Himmelskörpers ein charakteristisches Intervall erzeugt. Die Struktur von Kristallen und Materie bildet sich aus diesen Schwingungen heraus. Er entdeckte, dass musikalische Harmonien in mathematischen Proportionen darstellbar sind und Planeten harmonische Urklänge erzeugen, die Sphärenmusik. Nicht nur die Musik, sondern die bildende Kunst und besonders die griechische Architektur bediente sich dieser Proportionen.[173] PLATON beschrieb fünf Hauptformen, die sich aus Planetenschwingungen bilden und den fünf Elementen zugeordnet sind. Wobei das fünfte Element für die Quintessenz, das Wesentliche oder den sogenannten *Äther* steht. ARISTOTELES beschreibt den Äther als masselose, unveränderliche, ewige Substanz.

Im Buch *Wie die Musik die Welt erschafft* von SEBASTIAN REINHOLD SYLLA wird aus Musikersicht die Bedeutung von Schwingung und Sphärenmusik in geschichtlich-poetischer Weise erzählt. In Harmonie mit der kosmischen Schwingung, dem Urklang zu schwingen und zu tönen, Musik und Instrumente danach auszurichten, war viele Tausend Jahre Aufgabe des obersten Ministeriums in China. Die *Gelbe Glocke* (Huangzhong) wurde regelmäßig auf den kosmischen Ton gestimmt und Instrumente, Maße und Gewichte danach kalibriert. KONFUZIUS sagte: *»Wenn man zu wissen begehrt, ob ein Reich wohl regiert ist, ob seine Sitten gut oder schlecht sind, so wird die Beschaffenheit seiner Musik die Antwort darauf geben.«*[174]

Menschen erschaffen durch ihre Worte, Gedanken und Töne Realitäten. Viele Kulturen kannten die Wirkung von Tönen und Klängen. Mantren, Zaubersprüche, Kirchenlieder – am Anfang war das Wort: Schwingung manifestiert Materie. Moderne Wissenschaft wie die *Superstringtheorie* greift diese Beobachtungen auf und denkt weiter. Wie Gitarrensaiten schwingt es im Universum und bestimmt Dimension, Zeit und Materie.

Platonische Körper mit verschiedenen Schwingungen:

Schwingung des Löwenzahns

In der Pflanzenwelt entstehen unter dem Einfluss der Sonne strahlenförmige, gelbe Blüten. Löwenzahnblüten leuchten ungeniert und direkt. Aufrecht reckt er sich mit seinen langen, glatten Stängeln der *Sonne* zu, wächst schnell, verblüht schnell und wächst immer wieder nach. Der Löwenzahn hat eindeutig die Signatur der Sonne und einen Bezug zum Tierkreiszeichen Löwe. Die Sonne steht für das All-Eins, die Wahrheit, Energie, Harmonie, Schöpfung und Macht.[175] Bevor die Sonnenblume aus Amerika nach Europa kam, wurde der Löwenzahn auch Sonnenblume genannt.[176]

Außerdem wird der Löwenzahn dem Planeten *Jupiter* zugeordnet. Sonnen- und Jupiterpflanzen gelten als Universalheilmittel.[177] Pflanzen, die Jupiter zugeordnet sind, haben meist die Eigenschaft, üppig zu wachsen, sind nährend und kräftigend. Oft sind sie süß und haben auch bittere Inhaltsstoffe, die die Verdauung anregen.[178] Jupiter gilt als bedeutender Gott, wenn es um Weissagungen oder Orakel geht. Jupiter steht für Ernte, Frieden, Fülle, Glück, Gerechtigkeit, Herrschaft und Meisterschaft. Eigenschaften, die einem gereiften, weisen Menschen zugesprochen werden.[179]

Die verblühte Blume lädt zum Spielen ein. Die Samen fortzupusten, sich etwas zu wünschen, Wunder zu entdecken. Zudem zeigt die Wandelbarkeit der Blätter und die Beweglichkeit insbesondere bei der Verbreitung der Samen *Merkur*eigenschaften. Merkur steht für Wachstum, Entwicklung, Verbindung, Kommunikation, Verwandlung, Überwindung und Suche.

Die helle Pusteblumenkugel erinnert an den *Mond*. Außerdem werden Pflanzen mit weißem Pflanzensaft wie der Löwenzahn dem Mond zugeordnet. Mondpflanzen wirken kühlend, entzündungshemmend, gehören dem weiblichen Prinzip und Wasser an. Sie stehen für Fruchtbarkeit und Wachstum.

Auch *Mars* und *Saturn* werden dem Löwenzahn als seine Schattenseiten zugeordnet.[180] Mars steht unter anderem für Auflösung und Zerstörung, Saturn für Tod, Ewigkeit und Schicksal.[181] Der gesamte Kreislauf des Lebens ist in dieser Pflanze präsent.

Wesentliches wahrnehmen

Dinge erkennen, wie sie sind, offene Sinnesorgane sind eine Voraussetzung, um das Wesenhafte einer Pflanze und ihre Hinweise zu erkennen. Der Verstand vergleicht, deutet und verfälscht unsere Wahrnehmung. Manches erschließt sich erst später, die Eingebungen aufzuschreiben, kann hilfreich sein. Svenja Zuther beschreibt, wie sie mit den Pflanzen spricht,[182] und in meinem Brennnessel-Buch beschreibe ich meine Herangehensweise, um die Wahrnehmung zu öffnen.[183]

Zuther hat vom Löwenzahn in einer Pflanzenmeditation übermittelt bekommen, dass er für kraftvolles Leben, weniger für das Hochgeistige steht. Die asexuelle Fortpflanzung des Löwenzahns ist für die Pflanze eine momentane Entscheidung. Wenn der Löwenzahn sich genetisch rekombinieren möchte, wird der Löwenzahn dieses einschalten. Flexibel und einzigartig sich an Veränderungen anpassen, das ist die Botschaft für uns vom Löwenzahn.[184] Der Löwenzahn steht für die Erneuerung, für das Leben, für Menschen, die Wandlung benötigen.[185]

Volksnamen und Deutungen

Für den Gewöhnlichen Wiesenlöwenzahn sind mehr als 500 Volksnamen allein im deutschsprachigen Raum bekannt. Diese besondere Vielfalt offenbart die Bedeutung und die vielseitige Verwendung der Pflanze.

Wie der botanische Name *Taraxacum* entstanden ist, ist nicht eindeutig zu bestimmen. Im Altgriechischen bedeutet *taraxacis* »Entzündung«, *akeomai* »ich heile«.[186] Auch die Araber kannten schon vor Tausenden Jahren den Löwenzahn als Heilpflanze, und die arabischen Wörter *tarak* »lassen« und *šahha* »pissen« könnten somit namensgebend gewesen sein.[187]

Meine Nachbarn mit afghanischen Wurzeln nennen den Löwenzahn *Goi Khabarak*, was mit »die Blume der kleinen Nachrichten« übersetzt werden kann. Man stellt sich vor, dass die Flugsamen Übermittler von Nachrichten, Wünschen oder Wissen sind.

Andere frühere, lateinische Namen wie *Custos ortuum* (Wächter oder Hüter der Aufgänge, des Sonnenaufgangs, der Ursprünge, des Anfangs) geben einen Hinweis auf Gottheiten, wie den germanischen Götterwächter HEIMDALL oder den griechischen Götterboten HERMES und sein römisches Pendant MERKUR. MERKUR gilt als Symbol des erwachten Dritten Auges. Alle drei sind göttliche Botschafter. Sie bringen Menschen Nachrichten in Form von Eingebungen und Inspirationen.

Hier einige Namen und mögliche Deutungen:[188]

Löwe: *Dandelion, Dent de lion, Diente de Leon* und der deutsche Name *Löwenzahn* zeigen einen Bezug zu der mächtigen Großkatze in verschiedenen Sprachen. Außer der Ähnlichkeit der Blätter mit seinen Zähnen, kann die Blüte mit der Mähne des königlichen Tieres in Verbindung gebracht werden. Löwen gelten als Torwächter, wie das Mischwesen der *Sphinx* in Ägypten, wo der Löwe dem Sonnengott RE zugeordnet ist, oder in China und Tibet, wo Löwen Tempel bewachen. Die germanische Löwengottheit HEIMDALL gilt als Lichtbringer, der die Dämonen der menschlichen Unvollkommenheit besiegen kann.

Zähne: Die Blattform kann auch als kräftigende Wirkung auf Zähne gedeutet werden. Die Zahnung der Blätter erinnert an ein Löwengebiss. Manchmal wird er auch *Marienzahn, Bärenzahnkraut* oder *Wolfszahn* genannt.

Kirche: *Pfaffenhut, Pfaffenkrone, Pfaffenkopf, Mönchsköpflin, Caput Monachi, Pfaffenblatt, Pfaffenrohr.* Die Ähnlichkeit des leeren Samenträgers mit der Glatze eines Mönches war wahrscheinlich Inspiration für einige dieser Namen. Auch der Bezug zum göttlichen Vermittler, da der Löwenzahn als Orakelblume verwendet wurde. Die alten Namen *Custos hortorum* (lat. Wächter der Gärten) und auch *Göckeleskraut, Weckkraut* nehmen Bezug zum Himmelswächter HEIMDALL oder zu PETRUS.[189]

Sonne: *Sonnenwirbel, Sonnenbraut, Sonnentor, Goldblume, Himmelsschlüssel, Goldenes Kraut, Sonnenblume, Sonnenwurzel, Sonnenwärmer, Sonnenwurm, Sonnwendling.* Bei Sonnenschein öffnen sich die sonnenähnlichen Blüten des Löwenzahns, richten ihre Blüten nach der Sonne aus und leuchten gelb. Bei Regen und Dunkelheit schließen sie sich.

Licht: *Lichtbloom, Laternenblume, Nachtlichterl, Zwerglichter.* Hier sind vermutlich die leuchtenden Blüten namensgebend oder auch die weißen Pusteblumen, die nachts im Mondlicht leuchten.

Augen: *Augenmilch, Augenwurz, Schilblume, Weihaugenblume, Blindblume.* Der weiße Milchsaft wurde als Mittel bei Augenkrankheiten verwendet.[190]

Harntreibende Wirkung und Durchfall: *Bettseicher, Beddschissa, Bettpisser, Pissenlit, Pissnelke.*

Milchsaft: *Melkdistel, Milchdistel, Milchstöck, Mammele-Blum, Ammelemeien, Butziblume;* wobei das *Ammele* eine Stillflasche ist, *Mammele* die weibliche Brust und *Butzi* einen Milchbrei bezeichnet. Sie zeugen auch von den milchbildenden Eigenschaften.

Nahrungsmittel: *Butterblume, Butterstecker, Eierkraut, Franzosensalat, wilde Zichorie, Kuhlattich.* Butter wird mit den Blüten verfeinert, die Blätter als Salat gegessen.

Landwirtschaftliche Nutzung: *Kuhblume, Kuhscheiß, Pferdeblume, Schweineblume, Saurüssel, Hahnenspeck, Gänsespeck, Specksalat.* Der Löwenzahn wächst häufig auf Weiden, Kühe bekommen von zu viel Löwenzahn Durchfall, das Kraut findet Verwendung in der Pferdemedizin und wird an verschiedene Haustiere zur Stärkung verfüttert.

Besondere Merkmale: *Märzblume, Maiblume, Röhrlkraut, Schäfchenblume, Pusteblume.* Hauptblütezeit ist der frühe Frühling, der hohle Stängel und der flauschige Fruchtstand werden durch die Namen beschrieben.

Weitere Namen: *Bayerischer Enzian*: eher spöttisch gemeint, wegen des häufigen Vorkommens auf bayerischen Weiden; *Zigori*: in Tirol vorkommender Name; *Brummer*: aus den hohlen Stängeln lassen sich Blasinstrumente herstellen; *Schlangenblume*: eventuell wegen der Anwendung bei giftigen Bissen oder auch Bezug zu indigenen Gottheiten (Heimdall oder Ganesha); *Judenblume*: Bezug zum gelben Judenstern in Zeiten der Judenverfolgung; *Hundeblume:* bezeichnet das häufige Antreffen der Pflanze; *Kettepösch*: Plattdeutsch vermutlich Kettenpüschel; *Kettenblume; Teufelsblume.*

Merkmale und Deutungen

Farbe: Die sonnengelbe Farbe der Blüte bringt Wiesen zum Leuchten. Gelb gibt einen Hinweis auf leberheilende Wirkung. Nach der Verwandlung zur Pusteblume bilden sich weiße Schleier auf den Wiesen. Die hellen Mondkräfte stehen für entzündungshemmende Eigenschaften und Transformation. Die Blätter erscheinen in einem kräftigen Grün. Grün steht für das Leben.

Form: Die Blätter sind unterschiedlich stark gezackt. Der Stängel ist glatt, gerade und innen hohl, ein Hinweis auf die ausleitende Eigenschaft des Löwenzahns. Die Blüten strahlen wie Sonnen, ein Zeichen für Lebensfreude. Die Pusteblume ist luftig, sie steht für Aufbruch und Erneuerung. Die Stängel kringeln sich in Wasser, wenn sie gespalten werden. Goethe sah Spiraltendenzen als Grundbewegung sich inkarnierender Pflanzen.[191]

Geschmack, Duft: Wurzeln, Stängel und Blätter enthalten einen bitteren Milchsaft. Verbitterung legt sich auf die Leber. Löwenzahn löst Verbitterung, die durch Entbehrung oder Enttäuschung entstanden sein kann. Je mehr Sonne der Löwenzahn bekommt, desto bitterer werden Blatt und Stängel. Die Blüten schmecken und riechen honigsüß. Die Lebensfreude darf mit Löwenzahn kommen.

Verhalten: Der Löwenzahn lädt zum Spielen ein. Er wächst, wo er will, er blüht, wann er will, selbst im Winter. Er verändert sich ständig, passt sich an. Er verschenkt seinen Nektar an Insekten, gibt uns Nahrung, Heilmittel. Er heilt die Böden, bringt Freude mit seinen gelben Blüten. Er wächst auf Fußballplätzen und Spielwiesen. Auf Rasen, der regelmäßig geschnitten wird, bleibt er flach am Boden. Passt sich an. Liebe, Flexibilität, Kreativität und Spielfreude zeigt der Löwenzahn durch sein Verhalten.

Fortpflanzung: Der Löwenzahn verbindet Unabhängigkeit mit Liebe. Er braucht fast nichts und beschenkt Mensch und Tier ohne Gegenleistung. Um sich fortzupflanzen, braucht er weder Wind noch Insekten. Tausende Samen pro Jahr kann eine Pflanze produzieren, und sie verbreiten sich schnell.

Konsistenz: Der Löwenzahn ist glatt und weich, die Blüte und die Pusteblumenschirmchen flauschig. Es gibt nichts Hartes an der Pflanze. Der Stängel ist flexibel, ohne Widerstand, sein Pflanzensaft klebrig. Nichts ist starr. Im übertragenen Sinne steht er für die ständige Erneuerung, sein Pflanzenlatex für Flexibilität und die Fähigkeit, Anhaftungen abzuwaschen.

Rhythmus: Der Löwenzahn wirkt im Blatt unregelmäßig, wild, aber nicht unharmonisch. In der Blüte und im Samenstand der Pusteblume wird die harmonische »Architektur« der Natur offenbar. *Fibonacci-Geometrie* und der *Goldene Schnitt* finden sich hier auf wunderschöne Weise. Hier wird deutlich, dass ein vermeintliches Chaos einer nicht erkannten Architektur entspricht und somit übertragen die Kreativität beim Menschen wecken kann.

Standort: Der Löwenzahn kann je nach Standort neue Arten ausbilden und sich anpassen. Unser Wiesenlöwenzahn liebt vor allem die Sonne. Im Halbschatten wächst er langsamer. Tiefgründigen, nährstoffreichen Lehm- oder Tonboden durchdringt er leicht. Bei humusreichem, lockerem Boden macht er eher Platz für andere Pflanzen. Wo Kühe noch auf der Weide sind, oder Tierdung ausgefahren wird, bilden sich oft gelbe Teppiche aus Löwenzahnblüten. Dies ist ein Zeichen von hohem Stickstoffgehalt und Übersäuerung, was der Löwenzahn heilen kann. Beim Menschen wirkt er ebenso entgiftend.

Lebensdauer: Der Löwenzahn ist eine ausdauernde oder *perennierende* Pflanze. Er kann über mehrere Jahre Blüten und Früchte bilden. In seiner Pfahlwurzel überdauert er frostige Zeiten. Sobald kein Bodenfrost mehr droht, die Sonne scheint, streckt er Blätter und sogar einzelne Blüten aus der Erde. Einzelne Wurzelstücke reichen aus, um wieder auszutreiben. Die Wurzel kann bis zu zwei Meter in die Tiefe reichen, sodass er nicht so einfach entfernt werden kann. Man findet den Löwenzahn unter schwierigen Wachstumsbedingungen in Mauerritzen oder Schutthalten, da er Nährstoffe und Wasser tief aus dem Boden holt. Ein Zeichen für Stärke und Dauerhaftigkeit.

THEORIEN UND DEUTUNGEN

Die Wissenschaft geht mittlerweile von der Existenz einer fünften Dimension aus. Demnach bildet unser Universum mit den drei räumlichen und einer zeitlichen Dimension eine Art Membran zu einem höherdimensionalen Kosmos. Teilchen und Kräfte sind in dieser Membran gefangen. Nur die Kraft der Gravitation kann hindurchkommen, wodurch schwarze Löcher entstehen konnten.[192] Außerhalb der Membran ist die Zeit zyklisch, im gegenwärtigen Augenblick ist auch Vergangenheit und Zukunft beinhaltet.

Emma Farrell beschreibt ihre Erfahrung, die sie offenbar außerhalb dieser Membran erlebte. Sie saß auf einer Löwenzahnwiese in London. Sie hatte das Gefühl, als würde der Boden in alle Richtungen abfallen, bis auf einen Steinsockel im Niemandsland. Dieser Zustand dauerte etwa eine Minute an. Vergangene Leben waren nicht mehr Vergangenheit, sondern Vorfahren waren lebendig und zugänglich, in den eigenen Zellen spürbar. Zeit, wie wir es gelernt haben, existierte nicht mehr.[193] Löwenzahn half hier vielleicht als »fliegender Blütenteppich« in die fünfte Dimension, als Herr der Zeit wird der Löwenzahn auch bezeichnet. So einen Zustand bewusst zu erleben, ist selten. Eine Ahnung bekommen wir, wenn wir uns in eine Sache vertiefen, beim Zeichnen, Musikmachen oder sonstigem kreativen Schaffen. Auch dabei verschwinden Zeit und Raum. Ich habe den Eindruck, dass die innerliche Zentrierung dazu führt, dass wir uns nicht im Niemandsland verloren fühlen, sondern frei und doch verbunden sind. Der sogenannte Flow, alles fließt. Der Löwenzahn gibt uns einerseits durch seine Erscheinung eine Ahnung, was Leben bedeutet, andererseits kann er auf geistiger Ebene in Pflanzenmeditationen konkrete Hinweise übermitteln.

In Blüte und Samenanordnung des Löwenzahns finden sich die Zahlenreihen der Fibonacci-Folgen. 1 | 1 | 2 | 3 | 5 | 8 | 13 | 21 | 34 usw. Die äußeren Kronblätter 13 an der Zahl, manchmal 21, die inneren 21 (oder 34). 13 Kreisel schwingen in die eine Richtung, 21 in die andere. In der Numerologie steht die 21 für die allumfassende Liebe, eine machtvolle Schwingung, die für vollkommene Weisheit steht. Die Zahl 13 steht für Wasser und Weisheit, Kreativität, Klärung und Transformation.[194]

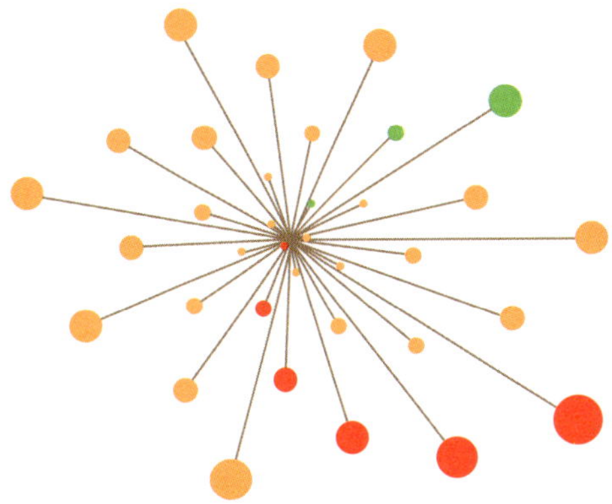

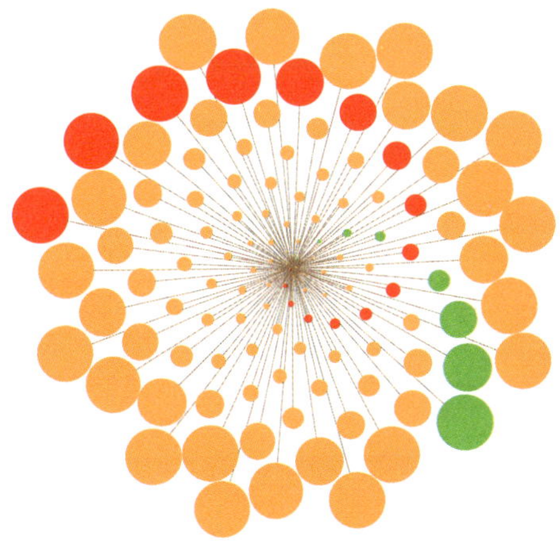

Blüten wachsen in einem bestimmten Rhythmus. Auch in der Blattrosette ist die sogenannte *Chiralität* erkennbar. Kein Blatt liegt genau über dem anderen. Die Blütenblätter wachsen in einem sich gleichmäßig erweiternden Abstand im Winkel von 137,5° aus der Mitte heraus. Markiert man jeden achten Punkt, erkennt man die Fibonacci-Kurve. Die heilige Geometrie verbindet die Mathematik mit Spiritualität.

Der Löwenzahn kann Geist, Herz und Verstand verbinden. Der Wandel des menschlichen Bewusstseins hin zu bedingungsloser Liebe führt zu einem fünfdimensionalen Zustand ohne räumliche oder zeitliche Begrenzung als Ziel der vollständigen Menschwerdung.

Der Löwenzahn heilt auf fröhliche Art die Verbindung zum inneren Kind. Mit der Leichtigkeit des Geistes ermöglicht er uns, im schnellen Tempo unser Bewusstsein zu erweitern. Der luftige und feurige Geist des Löwenzahns ermutigt uns, unsere selbst auferlegten Grenzen zu überwinden, unser Löwenherz wiederzuentdecken und uns furchtlos auszudrücken.[195]

Löwenzahn wird in vielen Kulturen mit Wunscherfüllung in Verbindung gebracht. Das Pusten der Samenstände, verbunden mit der Vorstellung eines Herzenswunsches, kommt einer Manifestation gleich. Der Löwenzahn steht für Wiedergeburt und Verjüngung im nie endenden Kreislauf des Lebens.[196]

Die Pusteblume wird im christlichen Spiritualismus mit der jungfräulichen Maria, mit Reinheit und Unschuld in Verbindung gebracht. In Weltanschauungen wie dem Buddhismus symbolisiert sie den ständigen Wandel und die Illusion unserer Welt. Buddhistische Zen-Poeten nutzen den Löwenzahn als Metapher für die Vergänglichkeit der Schönheit, für Widerstandsfähigkeit, Hoffnung, den Kreislauf des Lebens und des Lebens in Einfachheit. In Japan findet man die Löwenzahn-Symbolik vielfach in Literatur, Malerei, als Muster in Kimonos, in Blumenarrangements des Ikebana, in Zen-Gärten, als Motiv auf Teeutensilien und in Gemälden und Drucken.[197]

Den persönlichen Weg gehen

Für mich hat der Löwenzahn auch einen Wandel beschleunigt, mich an einen Ort gebracht, der mir zeigen konnte, dass es immer viele Wege gibt, man muss nur wissen, was man will. Wenn man zuhause nicht weiterkommt, ist eine Reise hilfreich. Vor gut 30 Jahren habe ich in Argentinien erlebt, dass es beim Reisen von Vorteil sein kann, sich vorab nicht so sehr zu informieren, vorurteilsfrei selbst Erfahrungen zu machen, kindlich neugierig. Dort habe ich von der Arbeit in einer Werbeagentur in Buenos Aires bis zu einer Töpferwerkstatt in den Anden starke Gegensätze kennengelernt, andere Menschen, andere Weltsichten.

Vor gut sieben Jahren in einem abgelegenen Dorf in Kroatien, habe ich erneut deutliche Impulse bekommen. Ich hatte mein Gepäck unterwegs verloren, es gab in dem Dorf, wo ich blieb, kein Internet, auch keinen Laden. Es wurde eine innere Reise. Ich landete in einem Haus mit spiritueller Literatur in einem Land des Wiederaufbaus nach einem Krieg. Eine Zeit ohne störende äußere Ablenkungen. Nachts absolute Stille. Meine Wahrnehmung war viel konzentrierter, und ich konnte vieles besser aufnehmen.

Während ich dieses Buch schrieb, verweilte ich zeitweise auf Kreta, der Wiege der Kräuterkunde, ein landschaftliches Paradies. Ich erlebte täglich Wundervolles, und begann mich zu fragen, was will ich wirklich, was ist mir wichtig? Zeit verschwand zeitweise aus meiner Wahrnehmung. Ich kam in eine Konzentriertheit, entrückt und entspannt. Das Zeichnen fiel mir dort so leicht, dass ich mich richtig gefreut habe, wenn ich wieder den Stift in Händen hielt, und die Zeichnungen gelangen ohne Mühe. Zuhause hatte ich sofort wieder die Uhr und Termine im Kopf. Die Straße vor dem Haus wurde für Kabel aufgerissen, hinterm Haus startete ein neues Bauprojekt. Rasenmäher und Kettensägen, bis es dunkel wird. Nach der Ruhe auf der Insel war ich besonders empfindlich gegenüber unharmonischen Klängen. Es ist eben doch auch die Umgebung, die großen Einfluss auf unsere Konzentration hat.

Beim zweiten Aufenthalt auf Kreta im Sommer war es anders. Ich war in den Bergen mit Pflanzen und Tieren, um die ich mich gekümmert habe, und es war tagsüber heiß. Das Thema Krieg im Nahen Osten war durch einige Kampfjets präsent. Fragen kamen auf. Wie kann man frei und naturverbunden leben, ohne das Gefühl, man müsse auf etwas verzichten? Wo gehöre ich hin? Wie will ich wirklich leben? Vieles konnte ich zuhause wieder schätzen. Trotzdem wurde mir klar, dass es nicht darum geht, wo es am bequemsten ist. Geduld, Vertrauen und Willenskraft werden immer wieder geprüft.

Im Fluss des Lebens schwimmen.

Alraune am Wegesrand und Zeichnen im Rhythmus der natürlichen Klänge in der Natur. Im sogenannten »Flow« können wir mit der Natur mitschwingen. Zeit und Raum verschwinden, Kreativität kann fließen.

LÖWENZAHN-POESIE

Sterne und Löwenzahn

Tief im blauen Himmel,
wie Kieselsteine auf dem Grund des Meeres,
liegen die Sterne, unsichtbar im Tageslicht,
bis die Nacht kommt.
Du kannst sie nicht sehen, aber sie sind da.
Unsichtbare Dinge sind immer noch da.

Der verwelkte, samenlose Löwenzahn
versteckt in den Ritzen der Dachziegel
wartet still auf den Frühling,
die starken Wurzeln unsichtbar.
Du kannst sie nicht sehen, aber sie sind da.
Unsichtbare Dinge sind immer noch da.

Kaneko Misuzu (Japan, 1903–1930)

Die japanische Sprache ist bildlicher als unsere, die Schriftzeichen piktogrammähnlich. Es wird von oben nach unten und von rechts nach links gelesen.

星とたんぽぽ

青いお空の底ふかく、
海の小石のそのように、
夜がくるまで沈んでる、
昼のお星は眼にみえぬ。
見えぬけれどもあるんだよ、
見えぬものでもあるんだよ。

散ってすがれたたんぽぽの、
瓦のすきに、だァまって、
春のくるまでかくれてる、
つよいその根は眼にみえぬ。
見えぬけれどもあるんだよ、
見えぬものでもあるんだよ。

出典『金子みすゞ童謡全集』（JULA出版局）

Löwenzahn

Fliegen im Juni auf weißer Bahn
flimmernde Monde vom Löwenzahn,
liegst du versunken im Wiesenschaum,
löschend der Monde flockenden Flaum.

Wenn du sie hauchend im Winde drehst,
Kugel auf Kugel sich weiß zerbläst,
Lampen, die stäubend im Sommer stehn,
wo die Dochte noch wolliger wehn.

Leise segelt das Löwenzahnlicht
über dein weißes Wiesengesicht,
segelt wie eine Wimper blaß
in das zottig wogende Gras.

Monde um Monde wehten ins Jahr,
wehten wie Schnee auf Wange und Haar.
Zeitlose Stunde, die mich verließ,
da sich der Löwenzahn weiß zerblies.

Peter Huchel (1903–1981)

Löwenzahn

Die weiße Kugel
des Löwenzahns
hat winzige Zähne
aus Hauch

Vielfach versponnen
locker geschlossen
die spinnfeinen Fäden
bleiben zusammen
in ihrem duftigen Bau
aus Fühlern Ordnung und Luft
Wenn nicht der Wind
in sie fährt,
bleibt die
empfindlichste Blume
unvermehrt

Rose Ausländer (1901–1988)

DER PRAKTISCHE BLICK

NATURVERBUNDEN LEBEN

Löwenzahn kann man das ganze Jahr über kulinarisch, gesundheitlich und kreativ nutzen. Das Frühjahr ist die Zeit, in der der Löwenzahn uns aus dem Winter herausholt, sozusagen ins Licht bringt. Die leuchtenden Blütenteppiche, die belebenden Speisen, die Spiele bringen Lebensfreude. Im späten Herbst und Winter ist Wurzelzeit, wir graben in dunkler Erde. Rückzug, Besinnung und Ausruhen bei einem duftenden Löwenzahn-Kaffee, bis der Kreislauf des Lebens wieder von vorne losgeht.

Ich liebe es, eine Pflanze über das ganze Jahr hindurch zu beobachten und vielseitig zu nutzen, auch um die Pflanze und die Naturabläufe besser kennenzulernen. Wir verändern uns, je nach Jahreszeit und Alter, ebenso ist es mit den Pflanzen.

Als Kinder hatten wir meiner Mutter im Frühjahr oft große leuchtende Blumensträuße aus Löwenzahn gepflückt. Löwenzahn ist keine geeignete Schnittblume. Außerdem hatten wir vom Pflücken viele Flecken an der Kleidung. Meine Mutter hat nie darüber geschimpft, die Blumen hat sie freudig in Vasen gestellt. Ich bin ihr dankbar, dass wir so unbefangen die Natur entdecken durften. Diese Unbefangenheit ist vielleicht Grundlage für Urvertrauen, für Naturverbindung. Wer uns erzählt hat, dass Löwenzahn giftig sei, kann ich nicht mehr sagen. Immer noch geschieht es, dass uns die Natur als gefährlicher Ort dargestellt wird, wobei in der Stadt, im Haus viel mehr Gefahren lauern und es an Bewegungsfreiheit und guter Luft mangelt.

Ich habe erlebt, dass es Kindern in Spielgruppen generell verboten wurde, Pflanzen zu essen, mit Erde oder Schlamm, mit Feuer oder am Wasser zu spielen. Wo Wald, Bäume, Zecken oder Fuchsbandwurm solche Ängste hervorrufen, ist eine Verbindung zur Natur nicht möglich. Wie man Kindern beibringt, eine Straße zu überqueren, den Umgang mit elektrischen Geräten und giftigen Reinigungsmitteln, so sollte jeder wissen, wie man sich in der Natur verhält, mit Pflanzen und Tieren umgeht.

Löwenzahnpflanzen sind wertvoll. Wer sich auskennt mit Wildpflanzen, kann vieles gratis vor der Haustür finden.

ANBAU UND ERNTE

Man sollte einige Löwenzahnpflanzen im Garten haben, damit man ohne großen Aufwand ein paar Blätter finden kann. Für größere Mengen gehe ich auf die Wiesen in der Umgebung, die ich kenne, also wo keine schädlichen Stoffe oder Dung im oder auf dem Boden sind.

Im Handel gibt es verschiedene Unterarten gezüchteten Saatgutes, die als kultivierter Löwenzahn oder auch Gourmet-Löwenzahn bezeichnet werden. Als Art wird *Taraxacum officinale* angegeben. Sie sind etwas weniger bitter. Löwenzahn ist ein Lichtkeimer. Der Samen wird nur leicht in die Erde gedrückt. Ab Februar kann man die Pflanze im (Gewächs-)Haus vorziehen, die Pfahlwurzeln werden im Topf verzweigter. Diese vorkultivierten Pflanzen geben eventuell mehr Ertrag.[198] Ab April bis in den September kann man direkt im Freiland aussäen. Die Keimtemperatur liegt bei 15 bis 18 °C Bodentemperatur, und die Keimdauer liegt bei etwa 20 bis 25 Tagen. In der Keimzeit sollte das Saatgut hell und feucht gehalten werden.

Löwenzahn-Zuchtpflanzen im Gewächshaus von ESKUSA, Parkstetten.

Um auf dem Feld mit Fahrzeugen die ungewollten Beikräuter hacken zu können, wird Löwenzahn in Reihen gesät. Im Herbst im Freiland ausgesäter Löwenzahn ist im Frühjahr kräftiger und größer als die Pflanzen, die im Frühjahr ausgesät werden. Das Saatgut keimt sicherer auf dem Feld, wenn es mit einer Feuchtigkeit haltenden Schicht ummantelt ist.[199] Auch aus den Wurzeln heraus kann man die Pflanze ziehen. Dafür gibt man ein Stück von mindestens fünf Zentimetern in die Erde und hält es zunächst gut feucht.

Würde man alle Teile der Pflanze für verschiedene Speisen nutzen, kann der Ertrag der Pflanzen gut 150 Euro pro Quadratmeter betragen, hat ein Wildniskoch errechnet.[200] Die Pflanze wächst bei optimalen Bedingungen stetig und üppig nach. Sieht man beim Anbau von Pflanzen nur den wirtschaftlichen Nutzen, gedeihen sie womöglich nicht so gut, wie bei Mensch und Tier ist auch die Liebe zur Pflanze wichtig.

Beliebt ist der Löwenzahn als Nutzpflanze in Frankreich, in Italien, auf dem Balkan, in Ungarn, Polen, Russland und Griechenland, wo die frischen Blätter als Gemüse auf Märkten verkauft werden. Dazu werden sie manchmal gebleicht – das

Links: Acker in Parkstetten, Versuchsfeld mit Löwenzahnzüchtungen für die Kautschukgewinnung.

Löwenzahn hat eine Art Gedächtnis. Auf regelmäßig geschnittenen Rasenplätzen wächst er niedrig.

heißt, während des Wachstums mit Stroh oder Pappe abgedeckt, damit sie weniger Bitterstoffe entwickeln. Des Weiteren können die Wurzeln, ähnlich wie beim Chicoree, in sogenannten Treibräumen angebaut werden. Es wachsen dann helle, gelbliche Blätter aus den Wurzeln heraus. Diese zarten Blattrosetten enthalten wenige Bitterstoffe.

Bodenbeschaffenheit und Düngung

Löwenzahn liebt humusreichen, nahrhaften, nicht zu trockenen Boden und sonnige Standorte. Ein etwas sandiger Boden erleichtert die Ernte der Wurzeln. Ich ernte gern in der Nähe eines Flusses, wo die Erde durch gelegentliche Überschwemmungen locker und sandig ist. Löwenzahn im Feldanbau wird zusätzlich nach der Ernte mit Mineraldünger gedüngt.[201]

Erntekalender Löwenzahn

(mittlerer Erfahrungswert in Baden-Württemberg, kann regional und je nach Klimaverhältnissen abweichen)

	Verwendung	Verarbeitung für die Lagerung	Januar	Februar	März
Wurzeln	Rösten als Speise oder Kaffeeersatz, Tinktur, Räuchern, Tee	in 5 bis 10 cm lange Stücke teilen, Trocknung bei 30 bis 60 °C			
Triebe	Gemüse, Frischpresssaft, Tee	frisch verwenden			
Blätter	Gemüse, Salat, Tee, Bier, Kombucha	schnelle Trocknung bei etwa 35 °C, rascheltrocken			
Blüten	Tee, Räuchern, Bierzutat	schnelle Trocknung bei etwa 35 °C, rascheltrocken			
Stängel	Salat, Spaghetti	frisch verwenden			
	Trinkhalme, Bastfaser für Körbe und Matten	trocknen und vor dem Verarbeiten durchfeuchten			
Samen	Tee, Nahrungsergänzung, Kunstobjekte aus den Samenständen	schnelle Trocknung auf Papier bei etwa 35 °C			

Ernte

Die Blätter kann man zwischen März und September ernten. Sie können an einem trockenen, luftigen und schattigen Ort getrocknet werden. Blätter, Knospen und Blüten für die Wildkräuterküche sind im Frühjahr schmackhafter als im Sommer oder Herbst. Beim Trocknen der Blüten muss man beachten, dass diese beim Lagern ausblühen können, ihre Farbe verlieren. Blüten sollten schnell und im Dunkeln getrocknet werden. Achtung bei der Lagerung: Motten mögen Wurzeln, Kraut und Blüten! Die Wurzeln können ab Oktober bis März geerntet werden. Im späten Herbst ist der Inulingehalt höher. Die Erdlöcher werden selbstverständlich wieder geschlossen.

Insbesondere bei Heilanwendungen ist es wichtig, der Pflanze mit Respekt und Achtsamkeit zu begegnen. Bei der Ernte und Verarbeitung sollte man an die Pflanze denken, wie an einen geliebten Menschen, sagen erfahrene Kräuterkundler wie WOLF-DIETER STORL.[202]

Löwenzahn-Ernte im Frühjahr. Die Blätter kann man einige Zeit in Wasser legen, so lösen sich Bitterstoffe heraus.

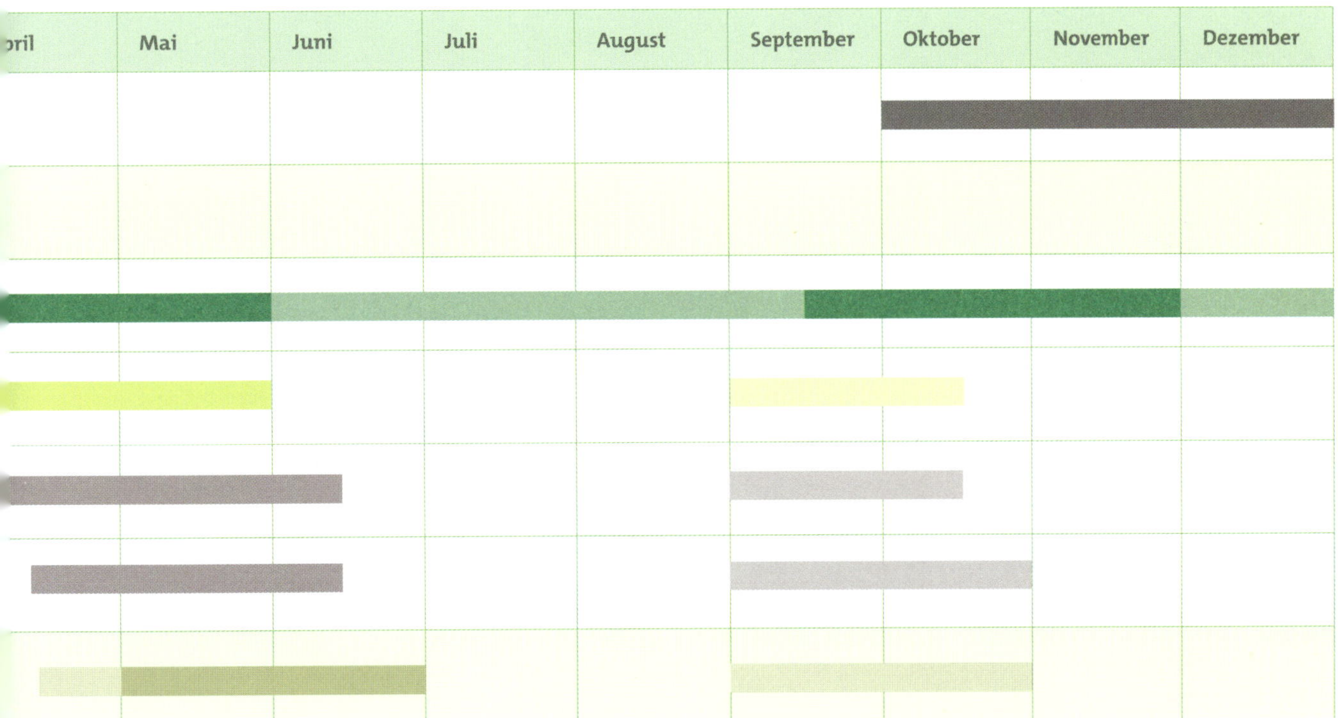

DER LÖWENZAHN IM JAHRESLAUF

Es war noch Winter, als ich mich Ende Januar 2024 entschlossen hatte, dieses Buch zu schreiben. Ich wollte schauen, ob ich den Löwenzahn schon finde. Und ja, unter einem Walnussbaum, geschützt an einem sonnigen Hang, gab es kleine Pflänzchen, drumherum lag noch teilweise Schnee. Eine Wurzel habe ich ausgegraben und direkt probiert. Sie schmeckte wunderbar mild und knackig. Die Löwenzahn-Saison beginnt, sobald der Boden nicht mehr gefroren ist. Man sollte auf keinen Fall verpassen, die Wurzeln ganz früh im Jahr zu essen und sich gleich mit dieser enormen Kraft für das neue Jahr zu stärken.

Ab März geht es dann schnell, die Saison ist kurz, insbesondere, wenn das Frühjahr frostfrei ist. Zunächst Blätter und die Knospen, die eine Delikatesse sind, dann die Blüten und Stängel. Auch Spiele und die kreativen Möglichkeiten machen im März bis Mai besonderen Spaß, da es so viel Löwenzahn gibt, dass man unbesorgt körbeweise davon mitnehmen kann. Im Sommer ist der Löwenzahn unscheinbarer, die Blätter versteckt unter hohem Gras, er wird durch die starke Sonneneinstrahlung bitterer und blüht nur selten. Ab Ende August sieht man den Kurztagsblüher wieder etwas öfter blühen. Ich verwende nun einzelne Blätter und Blüten, oder esse sie direkt und frisch beim Spazierengehen. Im Herbst gibt es dann wieder viele frisch nachwachsende Blätter und immer noch Blüten. Die Wurzeln im Herbst und Winter sind dann wertvoll für Speisen, für Tee, Kaffee und Tinkturen.

Gartenlöwenzahn auf Kreta, Dezember 2024.

Ich habe den Löwenzahn zusätzlich im Winter auf Kreta kennengelernt, wo er als Gemüsepflanze sogar zu Weihnachten auf den Tisch kommt. Auch in anderen warmen Mittelmeerländern gibt es Löwenzahnblätter das ganze Jahr über. Löwenzahn wächst auf jedem Kontinent im gemäßigten Klima, insbesondere in Nordamerika, Asien und auch Südamerika ist er bekannt und beliebt. Ein Austausch über Kontinente hinweg, wie die Pflanze genutzt wird, welche Rezepte es gibt, ist sehr spannend und bereichernd. Auf Websites und in Gruppenchats im Internet werden Rezepte, Fotos und viele kreative Ideen ausgetauscht.

FRÜHLING

Löwenzahn-Ernte im Frühling

Der Löwenzahn ist eine Frühlingspflanze. Im März werden die Blattrosetten sehr dicht und üppig und Ende März gibt es schon viele Knospen. Solange es noch Bodenfrost geben kann, hält der Löwenzahn die Blüten zurück. Die Stängel bleiben kurz, die Knospen am Boden. An geschützten Stellen wächst er schneller. Schöne Pflanzen finde ich früh im Jahr unter Bäumen, die noch kein Laub haben. Auch in meinem Garten wächst der Löwenzahn. Ich grabe die Wurzeln mit den ersten Blättern aus (Wurzeln graben siehe im Kapitel *Winter*). So verbreitet sich der Löwenzahn nicht zu sehr und ich habe eine leckere Vitamin- und Energiequelle nach dem Winter.

Löwenzahn braucht tiefgründige Töpfe, damit er gedeiht.

Im April kommt die Pflanze dann besonders zur Geltung. Sobald es etwas wärmer ist, die Sonne stärker scheint, treibt der Löwenzahn viele Knospen. Doch wenn es trüb ist, der Himmel bedeckt ist oder es regnet, schließen sich die Blüten. Um die Blüten zu ernten, muss man deshalb das Wetter im Blick haben. Nur wenn die Sonne wenigstens einen Tag geschienen hat, kann die Blüte den Nektar entwickeln, und sie wird süß und aromatisch. Die Blätter und der Stängel hingegen werden durch die Sonneneinstrahlung bitterer. Diese ernte ich vor der Blüte, dann sind sie zarter. Stülpt man nun einen Blumentopf über die Pflanzen, nachdem man die Blätter geerntet hat, wachsen sie als eine Art Bleichsalat ohne Bitterstoffe nach.[203]

Der Stängel kann vor und während der Blüte gut für Speisen verwendet werden. Dann ist er noch nicht faserig und schön knackig, sollte aber für Speisen gewässert werden (siehe Kapitel *Sommer*).

Löwenzahn wächst gern auf überdüngten Wiesen. Das ist aber nicht unbedingt der beste Ort, sie für den Verzehr zu ernten. Man sollte im Blick haben, was auf die Felder gebracht wird. Gerade im frühen Frühjahr wird Tierdung auch auf die Wiesen verstreut und liegt dann noch lange auf den Pflanzen. Für Blumensträuße und Blütenkränze kann man den Löwenzahn überall ernten. Der Löwenzahn kann in jeder Ritze wachsen, wenn er etwas Erde und Wasser hat. Man kann Löwenzahn auch

Man kann Löwenzahn auch in Kästen im Keller oder Wintergarten ziehen. Man erhält milderen Löwenzahn selbst im Winter. Der Ertrag war bei mir jedoch sehr gering.

im Topf kaufen, das sind dann meist Züchtungen mit zarteren Blättern und weniger Bitterstoffen.

Pflanzenbegegnung im Frühjahr

Der Frühling 2024 war sehr nass, es gab kaum noch Bodenfrost, und das waren offenbar sehr gute Voraussetzungen für den Löwenzahn. Schon im frühen März gab es viele Knospen, frische und große Blätter, die sehr mild waren. Im Frühjahr 2025 hingegen gab es Mitte März noch keine Knospen, die ersten Blätter kamen aus der Erde.

Der Frischpresssaft aus den Blättern ist ziemlich bitter. Eine Woche lang habe ich täglich ein kleines Gläschen getrunken, der Saft hält sich ein paar Tage im Kühlschrank, so muss man nicht jeden Tag den Saft herstellen. Einfacher ist es, wenn man sowieso jeden Tag in der Natur ist, Blätter und Knospen direkt von der Wiese zu essen. Schnell hat man zehn Blätter, die für eine Kur empfohlen werden, gegessen und merkt gleich, wie es der Verdauung und dem Bauch guttut.

Innerer Wandel und das Prinzip des Schenkens

Vielleicht übernimmt man durch die intensive Beschäftigung mit einer Pflanze ihre Besonderheiten oder man entscheidet sich bewusst, Eigenschaften von ihr zu übernehmen. Der Löwenzahn steht für Neuanfang, Kreativität und Wandel, für Freude und Vertrauen. Der Löwenzahn, der sich vom Wind überall hintragen lässt, sich selbst verschenkt und dadurch noch üppiger wächst. Erntet man die Blattrosetten, wachsen sie umso stärker nach. Zupft man die Knospen ab, wachsen neue nach. Das Prinzip des Schenkens, das den Schenkenden stärkt.

Ich habe gegraben und gesammelt und schon im März sehr viel Löwenzahn gegessen. Ich hatte mich aufgrund einer Nierenschwäche einige Zeit vegan ernährt. Viele Kohlenhydrate, Müsli, Obstsäfte und Früchte gegessen. Dies führte wohl zu einer nun etwas überforderten Leber, was ich an der Verdauung merkte. Ich war zudem öfter müde, wachte nachts auf. So tat mir der Löwenzahn nun richtig gut. Zudem habe ich mir, weil es noch oft kalt und trüb war, bewusst mehr Schlaf gegönnt. Der Löwenzahn ist eine stark entgiftende Pflanze, das erfordert

Ende April gab es Morgenfrost. An der Pusteblume kristallisieren die Tautropfen.

Die Knospen sind Anfang März noch tief in der Blattrosette, dicht gedrängt am Boden.

Löwenzahn zwischen blühendem Gundermann im April.

Die Stufen der Verwandlung können an einer Pflanze gleichzeitig auftreten.

Ruhe. Er fördert zudem den Harnfluss. Ich musste viel trinken und oft auf die Toilette. Der *Bettpisser* oder in französischer Sprache *Piss en Lit* hat gut gewirkt.

Krankheiten empfinde ich als Prozesse des inneren Wandels, insbesondere zu mehr Körperbewusstheit. Mit dieser Sichtweise kann ich körperliche Beschwerden als Signale und Hinweise sehen, wo es mehr Aufmerksamkeit braucht. Krankheit und selbst Schmerzen als Chance zu sehen, verändert die Empfindung dazu. Will man den nächsten Bewusstseinsschritt wagen, kann man die manchmal schmerzhaften Beschwerden, die uns zu mehr Achtsamkeit drängen, mehr schätzen. Verdrängt man lange, unterdrückt man jeden Schmerz, werden sie stärker. Die Brennnessel zeigt körperlich schnell, wie Schmerzen zu Heilung führen. Der Löwenzahn wirkt anders, tiefer, bis auf die Zähne, die Knochen, wo die Ahnenerinnerung steckt. Bei mir waren in dieser intensiven Zeit mit Löwenzahn Kiefer und Zähne ein Thema. Knochenschwund und weggebrochene Füllungen. Nach der ersten Diagnose sollten drei Zähne gezogen werden. Durch Wurzelkauen, Ölziehen und viele Speisen aus Löwenzahnwurzel habe ich es geschafft, den Kiefer wieder zu stärken.

Immer wieder findet man Löwenzahnmutationen. Manchmal sind da zwei oder drei zusammengewachsene Blüten mit einem dicken, unförmigen Stängel. Als wüsste die Pflanze nicht, wohin mit all ihrer Energie, die sie tief aus der Erde holt.

Als Ende März im Jahr 2024 schon sehr viele Blüten zu finden waren, habe ich für den Ostertisch einen großen Strauß Löwenzahn gesammelt. Auf meinem Rückweg kamen mir zwei Spaziergänger entgegen, die Frau starrte auf meinen weit leuchtenden gelben Blumenstrauß. Als sie nah war, murmelte sie enttäuscht: »Ach, Löwenzahn.« Zuhause unter dem Osterstrauß waren die Blüten wunderschön, doch sie schlossen sich langsam. Als durch das Fenster die Sonne auf die Blüten schien, öffneten sie sich wieder. Welche Lebendigkeit! Abends schlossen sie sich wieder und öffneten sich einige Tage nicht mehr, bis einige als Pusteblume aufgingen. Löwenzahn ist nicht geeignet für langlebige Blumensträuße für den Verkauf.

Für die Transformation zur Pusteblume braucht die Pflanze Zeit. Wie der Löwe, der gerne in der Sonne ausruht und wenn es darauf ankommt, seine ganze Kraft nutzen kann. Es braucht Zeit, tiefe Wurzeln zu bilden, neue Knospen und neue Blüten zu

Überdüngte Wiesen führen zu sogenanntem Geilwuchs und Mutationen.

Löwenzahnblumen-Sträuße sind für Innenräume nicht gut geeignet, da sich die Blüten dort schließen. Auf dem Ostertisch beim Festessen draußen ist er schön.

entwickeln. Und für eine komplette Verwandlung, um fliegen zu können, braucht es noch mehr Zeit. Auch hier kann man eine Botschaft erkennen. Wir können nicht immer in voller Energie sein, wer etwas mit seiner ganzen Kraft angeht, braucht auch Phasen der Ruhe, der Besinnung und Regeneration.

Ende April 2024 gab es aufgrund des vielen Regens besonders große Löwenzahnpflanzen mit riesigen Blättern und hohen Stängeln mit den Pusteblumen. Im folgenden Jahr war der April kühler, die Blüten und Stängel erst Mitte Mai üppig, und ich musste noch schneller sein, um alle Rezepte und Kreativ-Objekte auszuprobieren, da alles sehr schnell verblüht war. Danach brauchte ich erst mal eine Pause vom Löwenzahn.

Wurzeln können zuerst im Fluss gewaschen werden, wenn es nicht zu kalt ist.

Sich schmutzig machen

Meine April-Kräuterwanderung hatte ich unter dem Motto »Spielen« angekündigt. Löwenzahn-Trompete, Kränze, Trinkhalme, Rohrleitungen und Kringel. Pusteblumen-Orakel, Farben und gelbe Nasen – mit Löwenzahn lässt sich gut spielen.

Auch nach Wurzeln grabe ich im Frühjahr, um die Unterschiede zu ähnlichen Pflanzen zu sehen. Meinen Händen sieht man das an. Trage ich Handschuhe, kann ich weder die Erde noch die Pflanze gut erspüren. Wie beim Barfußgehen wirkt der Erdkontakt entspannend. Manchmal trage ich trotzdem Handschuhe beim Graben, da die Hände sonst auf Dauer leiden.

Erde, Milchsaft und auch gelbe Blütenpollen landen auf Haut und Kleidung – Naturverbindung.

Die Hände bekommen braune Flecken vom Pflanzenmilchsaft beim Pflücken im Frühjahr. Vielleicht der Grund, dass man Kinder vom Spielen mit Löwenzahn abhalten möchte, da die Kleidung fleckig werden könnte. Erst nach einer Weile färbt der weiße Saft sich dunkel und klebt auf der Haut und in der Kleidung fest. Es lässt sich mit warmem Wasser und leichtem Rubbeln abwaschen, aus der Kleidung bekommt man es nicht mehr heraus. Beim Spielen darf man schmutzig werden, ansonsten ist kreatives und ausgelassenes Spielen nicht möglich. Wir durften als Kinder schmutzig werden. Nach Kindergarten oder Schule haben wir unsere Alltagskleidung angezogen und konnten unbeschwert spielen.

Blütenstängel von gut 70 cm Höhe in einer Mauerritze.

Kreativität wecken

Die Pflanze bringt uns im Frühling dazu, vieles auszuprobieren. Ich sammle Knospen, Stängel, Wurzeln, viele verblühte und blühende Köpfe des Löwenzahns. Alles von verschiedenen Orten, in verschiedenen Phasen. Ich nehme sie mit nach Hause, schaue, wie sie sich verändern und lasse mich inspirieren.

In meinem Haus liegt und hängt viel Naturmaterial herum: Kräuterkränze, Brennnesselstängel, Weidenzweige, Wurzeln, Kräuterbüschel, Löwenzahn-Girlanden. Es ist gleichzeitig eine Möglichkeit, die Natur ins Haus zu bringen, indem man möglichst viel Naturmaterial um sich herum hat. Hat man ein altes Haus aus Stein, Lehm und Holz, kann man sich auch im Haus verbunden fühlen. Lebt man naturverbunden, hält man es nicht lange in geschlossenen, sterilen Räumen aus. Ich fühle mich dann wie abgetrennt, energielos. Die Elemente Luft, Erde, Wasser und Feuer zu spüren, macht lebendig.

Kinder und Künstler sind Sammler, sie brauchen unterschiedliches Material. Hat man es im Blick, entstehen schnell Ideen, daraus etwas zu basteln oder herzustellen. Es ist spannend zu forschen und Möglichkeiten zu finden, um etwas ganz Eigenes zu machen. Es ist längst nicht alles erforscht.

Die Verwandlung kann innerhalb einer Woche passieren.

Weniger planen, flexibel bleiben

Spielen fördert die Kreativität. Im April gibt es viele Blüten, und man kann zum Beispiel diese »Zauberblume« zusammenstecken (siehe Seite 181).

Nur kurz ist die intensive Blütezeit des Löwenzahns im April, und weil ich so viel ausprobieren wollte, hatte ich mir selbst Druck gemacht. Für Fotoaufnahmen hatte ich mir eine Brachwiese mit viel Löwenzahn ausgesucht. Am Tag zuvor schien endlich einmal die Sonne, und die Knospen öffneten sich schnell. Am nächsten Tag, für die Aufnahmen, waren die Blüten jedoch schon zottelig und fast verblüht. An diesem Tag war es zudem überall laut: Kettensägen, Rasenmäher, Heckenschneider, Laubbläser – ich war genervt. Ich hatte mir den Tag so schön vorgestellt, nach langer Zeit, endlich Sonne und Blüten für die Bilder! Erst als ich den Tag schon innerlich abgehakt und akzeptiert hatte, dass heute einfach nicht der Tag für Blütenfotos ist, gelangen noch besonders schöne Aufnahmen, ohne diese Motive geplant zu haben. Vielleicht half auch ein Schluck Löwenzahnbier.

Um der Pflanze gerecht zu werden, sollte man nicht zu viel vorausplanen, aufmerksam und flexibel sein, auch Platz für Unerwartetes zulassen, um die Besonderheiten zu entdecken. Eigentlich gilt das im Leben generell. Das macht auch viel mehr Spaß! Die Natur ist im stetigen Wandel, der Löwenzahn besonders schnell, so muss man dieser Pflanze mit viel Spontaneität begegnen.

Die Blüten schmecken an sonnigen Tagen honigsüß.

REZEPTE

Löwenzahn-Frischpresssaft

Zutaten
- 50 g junge Löwenzahnblätter (oder Blätter und Wurzel)
- 200 ml Wasser

Den Löwenzahn mit Wasser in einem Mixer fein zerkleinern. Dann mit einem Seihtuch abseihen und gleich ein kleines Gläschen trinken. Zu viele Bitterstoffe können eine gegenteilige Wirkung haben, deshalb nicht mehr davon trinken als man mag. Der reine Löwenzahnsaft hält sich im Kühlschrank ein paar Tage. Man kann auch weitere Kräuter wie Brennnessel dazugeben. Mit Brennnessel hält sich der Saft jedoch nur ein paar Stunden.
Tipp: Für eine Kur zur Ausleitung oder Blutreinigung einen Frischpresssaft aus der ganzen Pflanze herstellen. Zwei bis drei Esslöffel davon vier Wochen lang täglich einnehmen.[204]
Der Saft wirkt außerdem ausgesprochen magenstärkend.

Löwenzahnknospen-Salat

Zutaten
- 200 g zarte, junge Löwenzahnknospen
- 3 EL gutes Olivenöl
- 1 Prise Salz, etwas Pfeffer
- 1 EL Zitronensaft oder Apfelessig
- evtl. etwas Knoblauch

Die noch geschlossenen Löwenzahnknospen waschen, abtropfen lassen und längs durchschneiden. Olivenöl mit Salz, Pfeffer, Essig oder Zitronensaft verrühren. Wer mag, kann noch etwas Knoblauch hinzufügen. Das Dressing über die Knospen geben und alles vermischen. Als Beilage zu Brot oder Nudelgerichten oder zum Aperitif.

Salatvariationen mit Löwenzahn

Junge, zarte Löwenzahnblätter waschen und kleinschneiden. Auch die Knospen können hinzugefügt werden, wenn es schon welche gibt. Dressing mischen. Ich grabe im frühen Frühjahr die ganze Pflanze mit Wurzeln aus und verwende die Wurzeln für Löwenzahn-Kaffee, zum Anrösten in der Pfanne oder als Tee (siehe Rezepte im *Winterkapitel*).

Löwenzahn, Bärlauch und Feldsalat

Feldsalat und Bärlauch schmecken besonders gut zusammen mit Löwenzahnblättern. Das Dressing über den Salat geben und alles mischen. Nun noch Wildkräuterblüten wie Veilchen, Gänseblümchen oder Schlüsselblumen dazugeben und den grob geriebenen Pecorino über den Salat streuen.

Variante: Apfel-Löwenzahn-Salat

Löwenzahnblätter mit einem in kleine Stücke geschnittenen Apfel mischen, Dressing wie oben zusammenmixen. Statt Olivenöl kann man Sonnenblumenöl verwenden. Ein paar gehackte Walnusskerne darüberstreuen.

Zutaten
- 100 g Löwenzahnblätter
- 150 g Feldsalat
- 50 g Bärlauchblätter
- Wildkräuterblüten
- evtl. 30 g Pecorino oder anderen würzigen Hartkäse

Für das Dressing
- 3 EL gutes Olivenöl
- 1 Prise Salz, etwas Pfeffer
- 1 EL Zitronensaft oder Apfelessig

Variante
- 1 Apfel
- 3 EL Sonnenblumenöl

Weitere passende Wildkräuter für Salat: Giersch, Schnittlauch, Gundermann, Schafgarbe, Labkraut, Spitzwegerich, Scharbockskraut, Schlüsselblumenblätter

Appetitanreger à la Puntarelle

Zutaten
- 1 oder 2 große Löwenzahn mit heller Blattrosette
- 3 bis 4 Sardellenfilets (alternativ Kapern und Parmesan)
- 2 Knoblauchzehen
- 6 EL Olivenöl
- 1 EL weißer Balsamicoessig
- 1 EL Zitronensaft
- Salz
- frisch gemahlener Pfeffer
- frischer Rosmarin

Puntarelle als Vorspeise gibt es in vielen Restaurants in Italien. Statt der Chirorée-Art *Cicoria cimata*, die dort verwendet wird, nehmen wir den Wiesenlöwenzahn vor der Blüte.

Für die Sauce die Sardellenfilets, 1 Knoblauchzehe, 3 EL Olivenöl, 1 EL weißer Balsamico, 1 EL Zitronensaft zu einer cremigen Sauce mixen. Mit Salz und Pfeffer abschmecken.

Puntarelle werden die hellen Blattansätze genannt, bei uns eher als Salatherzen bezeichnet. Diese Teile werden einzeln abgeschnitten oder abgebrochen, die restlichen grünen Blätter können zum Beispiel noch für Frischpresssaft verwendet werden. Die Puntarelle der Länge nach aufschneiden. Manchmal haben sich schon Knospen in der Rosette gebildet, das stört nicht, sie schmecken sogar sehr gut.

Restliches Olivenöl in einer Pfanne erhitzen, eine klein gehackte Knoblauchzehe, den klein gehackten Rosmarin und den Löwenzahn dazugeben. Etwa 5 Minuten anbraten, bis sie leicht bräunlich sind. Auf einem Teller anrichten, mit der Sauce überträufeln und als Vorspeise mit Weißbrot servieren. Dazu passt ein leichter Weißwein.

Tipp: Ganz zarte Blätter und Knospen kann man ohne anbraten mit der würzigen Soße marinieren und als Vorspeise essen.

Löwenzahnblüten-Butter, pikant

Löwenzahnblüten in der Mittagssonne sammeln und dann die Blütenblätter abzupfen. Butter in Stücke geschnitten in eine Schüssel geben. Bärlauchblätter klein schneiden. Butter, Salz, Bärlauch und die Blütenblätter mit einer Gabel oder einem Holzlöffel (die Butter sollte nicht zu hart sein) gut vermischen.
Tipp: Man kann die Blütenbutter ohne Bärlauch oder mit anderen Kräutern machen. Sie kann gut eingefroren werden.

Zutaten
- abgezupfte Löwenzahnblüten von etwa 20 Blüten
- 125 g gekühlte Butter
- etwa 3 Bärlauchblätter
- knapp ¼ TL Salz

Löwenzahnblüten-Salz oder -Zucker

Für ein gelbes Blütensalz nehmen wir die Blütenblätter des Löwenzahns und vermörsern sie mit dem Salz. Aus den grünen Blättern machen wir ein grünes Salz, dafür werden die Blätter kleingeschnitten und dann auch mit Salz vermörsert. Dieses Salz wird dann auf ein Backblech ausgestrichen und entweder in der Sonne oder im Backofen bei 30 bis 40 Grad möglichst schnell getrocknet. Dann wird es noch einmal kurz gemörsert und luftdicht in Gläschen gegeben. Am besten schichtet man grünes, gelbes und weißes Salz abwechselnd in möglichst schmale Röhrchen, so sind es schöne Geschenke.

Für einen gelben Blütenzucker nimmt man anstatt Salz Zucker und die gelben, abgezupften Blütenblätter.

Zutaten
- 20 bis 50 g abgezupfte Löwenzahnblüten oder Löwenzahnblätter
- 50 g Steinsalz

Für den Zucker
- 50 g weißer Zucker anstatt Salz

Löwenzahn fermentieren

Material
ausgekochte Einmachgläser und Beschwerer aus Glas oder Stein

Zutaten Knospenferment

- 5 bis 6 g Salz für eine 2%ige Salzlösung
- 200 ml Wasser
- 150 g Löwenzahnknospen
- 1 Messerspitze Rohrzucker

Durch Fermentation werden mithilfe von Milchsäurebakterien Nahrungsmittel konserviert, zudem werden sie bekömmlicher und würziger.

Knospen fermentieren

Das Salz im Wasser auflösen. Die Knospen durchschneiden (man kann sie auch ganz lassen), in die ausgekochten Gläser geben und zusammendrücken. Das Salzwasser darüber gießen. Die Messerspitze Zucker dazugeben. Mit einem Holzstampfer herunterdrücken, um eingeschlossene Luftbläschen entweichen zu lassen. Nun den sauberen Beschwerer auflegen. Die Knospen dürfen nicht nach oben schwimmen. Die Salzlake sollte über den Knospen stehen. Das Glas nun mit dem Dichtungsgummi, dem Deckel und den Klammern verschließen. Bei warmer Zimmertemperatur (evtl. an der Heizung oder am Ofen) fermentieren lassen. Es entstehen Bläschen während des Fermentierens, und es könnte überschäumen, deshalb die Gläser auf einen Teller stellen. Nach einer Woche die Knospen probieren und eventuell noch bis zu zwei Tage stehen lassen. Nun kühl und dunkel aufbewahren. Die Knospen schmecken würzig, etwas olivenartig, und können als Aperitif oder Beilage gegessen werden.

Wenn die Knospen nach oben kommen oder Keime ins Glas gelangen, können die Knospen schimmeln. Sie sind dann nicht mehr genießbar. Links ist ein Glas mit verschimmelten Knospen. Beim zweiten Versuch habe ich unter die Steine Löwenzahnblätter gelegt, damit die Knospen unten bleiben.

Löwenzahn-Klettenwurzel-Ferment

Frische Wurzeln des Löwenzahns und der Großen Klette schälen und erst längs und dann quer in feine Stücke schneiden oder hobeln. Ein wenig Wurzel des Meerrettichs dazu reiben. Mit dem Saft der Zitrone beträufeln, so bleiben die Wurzelstücke heller. Nun das Salz und Pfefferkörner zufügen und alles durchkneten. Das Wasser dazugeben. In ein Einmachglas geben und alles fest hinunterdrücken. Mit einem passenden ausgekochten Glasdeckel oder Steinen beschweren. Das Wasser sollte die Wurzelteile komplett bedecken. Die obere Schicht wird schnell etwas grau, wenn sie mit Sauerstoff in Berührung kommt, schmeckt aber noch gut. Das Glas mit Gummiring und Klammern verschließen.

Etwa eine Woche bei warmer Zimmertemperatur (25 bis 30 Grad) fermentieren lassen. Dann noch etwa zwei Wochen bei 15 bis 18 Grad reifen lassen. Fermentierte Wurzelstücke mit einem Holzlöffel entnehmen und alles wieder gut nach unten drücken, sodass es mit dem Salzwasser bedeckt ist, und wieder verschließen. Kühl lagern und innerhalb eines Monats essen.

Zutaten Wurzelferment

- 250 g Löwenzahnwurzeln
- 250 g Klettenwurzeln
- etwa 20 g Meerrettichwurzel
- 1 Zitrone
- 18 g Salz (für eine insgesamt etwa 2%ige Salzlösung)
- einige Pfefferkörner
- etwa 200 ml Wasser

Im frühen Frühjahr ist es nicht so leicht, die Klette zu finden. Später werden sie holzig. Auch im Herbst kann man die Wurzel von jungen Pflanzen verwenden.

Magische 3-Kräuter-Suppe

Zutaten
- ½ Schüsselchen Brennnesseltriebe
- ½ Schüsselchen jungen Giersch
- ½ Schüsselchen Löwenzahnblätter
- 1 gehackte Knoblauchzehe oder einige Blätter Bärlauch
- 1 Zwiebel, gehackt
- 2 bis 3 EL Pflanzenöl
- 2 EL Mehl
- 1 l Wasser
- 1 TL Gemüsebrühe
- Salz, Pfeffer
- ½ Becher Schmand
- Gänseblümchen zum Dekorieren

Im Frühjahr geht es darum, sich mit der Natur zu verbinden. Kräuter zu sammeln, ist eine Möglichkeit. Zahlen spielen eine große Rolle bei rituellen Handlungen. Die Natur verhält sich in mathematisch darstellbaren Rhythmen. Die Zahl drei und deren Vielfaches hat in Märchen, Religionen und Riten eine besondere Bedeutung. Sie steht für die Vollendung, den Kreislauf des Lebens, für Selbstverwirklichung.

Für die Suppe die Kräuter waschen und kleinschneiden. Nun den Knoblauch und die Zwiebel im Öl glasig dünsten. Das Mehl dazugeben und klumpenfrei verrühren. Wasser und Gemüsebrühe zugeben, zum Kochen bringen und dann die Wildkräuter dazugeben. Etwa 5 Minuten kochen lassen und dann pürieren. Mit Salz und Pfeffer abschmecken und den Schmand einrühren. Noch einmal kurz aufkochen. Gänseblümchen auf die Suppe geben, sie öffnen sich dann. Dazu passt geröstetes Brot.

Frankfurter Grüne Soße

Die kalte Kräutersoße, auch Frankfurter Soße oder Gründonnerstagssoße genannt, ist ein hessisches Kulturgut, kann sowohl mit frischen Wildkräutern als auch mit Küchenkräutern gemacht werden.

Zubereitung: Die Eier in zehn Minuten hart kochen. Mit kaltem Wasser abschrecken. Nun die Eier pellen, durchschneiden und das Eigelb mit einem Löffel herausheben und durch ein Sieb in eine Schüssel streichen. Das Eiweiß in kleine Würfel schneiden und in eine andere Schüssel geben. Das Eigelb mit Salz, Pfeffer und Senf verrühren und dann das Öl und den Schmand löffelweise unterrühren. Die Kräuter waschen und trocken schütteln. Die Kräuter sehr fein hacken. Nun die Kräuter mit ⅔ des gewürfelten Eiweißes in die Grüne Soße rühren. Mit Salz und Pfeffer abschmecken und verrühren. Dann in eine Schüssel geben und mit dem restlichen Eiweiß garnieren. Schmeckt zu Spargel und Kartoffeln.

Zutaten

Insgesamt etwa 150 g Kräuter:

- 1 Handvoll Löwenzahnblätter
- ½ Bund Petersilie; weitere Kräuter wie Dill, Kerbel, Brennnessel, Giersch, Borretsch, Pimpinelle, Schafgarbe, Gundermann, Sauerampfer, Schnittlauch
- 4 bis 5 Eier
- Salz, Pfeffer
- 1 TL scharfer Senf
- 100 ml Sonnenblumenöl
- 150 g Schmand

Löwenzahnblüten-»Honig«

Zutaten
- 100 bis 150 g frische, abgezupfte Löwenzahnblüten
- 500 ml Wasser
- 1 unbehandelte Zitrone
- 500 g Zucker oder Xylit (Birkenzucker)

Tipp: Gelee mit Birkenzucker kann kristallisieren, wenn es zu lange gekocht hat oder nachher kühl steht. Wenn man es erhitzt, kann man es wieder auflösen, kristallisiert aber wieder schnell.

Man kann auch, statt das Gelee einzukochen, ¼ TL Agar-Agar zufügen, damit es eindickt.

Die Blüten sammelt man an einem sonnigen Tag, sobald die Blüten reich an Nektar sind. Die Blütenblätter müssen möglichst bald nach der Ernte abgezupft werden, ansonsten können sie ausblühen und die gelbe Farbe verblasst.

Die Blütenblätter in einen Kochtopf geben und mit Wasser übergießen. Für Gelees oder Marmeladen nehme ich Emaille-Töpfe, da ich den Eindruck habe, dass der Geschmack besser erhalten bleibt. Die Zitrone wird mit Schale in dünne Scheiben geschnitten und dazugegeben. Das Ganze sollte abgedeckt zwei bis drei Stunden durchziehen. Dann bei geschlossenem Deckel 15 Minuten leicht köcheln lassen. Nun alles über Nacht ziehen lassen. Die Blüten und Zitronen werden dann mit einem Seihtuch herausgefiltert. Die gelbe Flüssigkeit wird mit dem Zucker verrührt und in einem Kochtopf erhitzt. Es sollte leicht köcheln. Ab und zu umrühren. Nun mehrere Stunden köcheln lassen, damit es eindickt. Wenn sich während des Kochens Bläschen bilden, ist es fertig. Einen Test kann man machen, indem man ein paar Tropfen auf einem Metalllöffel kurz in den Kühlschrank gibt. Wird es fest, ist das Gelee fertig. Bei Birkenzucker geht das nicht, da es nicht so schnell geliert.

Dann heiß in Gläser füllen. Ein veganer Aufstrich, der ganz ähnlich wie Honig schmeckt und auch ähnlich aussieht.

Löwenzahn-Spaghetti

Im frühen Frühjahr sind die Stängel zart und haben wenig Bitterstoffe. Wenn der Löwenzahn verblüht ist, wird der Stängel zäh und man kann die Stängel auch nach dem Dünsten kaum zerkauen. Die Garzeit hängt stark vom Erntezeitpunkt ab. Am besten sind die Stängel der Knospen, wenn sie in die Höhe gewachsen sind. Man kann direkt probieren, ob sie zäh sind.

Die abgetrennten Stängel mit dem Messer oder Fingernagel öffnen, in mehrere Streifen teilen, dann kringeln sie sich schön. Man kann zarte Stängel auch ganz lassen. In eine große Schüssel mit gesalzenem Wasser legen. Die Stängel mindestens 30 Minuten bis zu zwei Stunden in dem Salzwasser liegen lassen. Nun die Stängel abtropfen lassen. In einer Pfanne andünsten, bis sie weich sind. Nach Belieben würzen. Mit Olivenöl, Zitrone und Pfeffer hat es einen mediterranen Geschmack. Mit Sojasoße passt es zu asiatischen Gerichten. Je nachdem Nudeln oder Reis dazu reichen.

Variante mit Knoblauch: In einer Pfanne in Scheiben geschnittenen Knoblauch mit etwas Olivenöl anbraten. Die gewässerten und gedünsteten Stängel dazugeben und einige Minuten mitbraten. Mit etwas Cayennepfeffer, Salz und Pfeffer würzen und zu Brot essen.

Zutaten

- pro Portion 50 bis 100 g Löwenzahnstängel, während oder vor der Blüte
- 1 l Wasser
- 1 EL Salz
- zum Würzen Olivenöl, Zitrone, Pfeffer oder Sojasauce
- Knoblauch nach Geschmack

Nur zarte Löwenzahnstängel verwenden und unbedingt vorher wässern.

Lemon-Curd-Torte mit Löwenzahn und Brennnessel

Zutaten Löwenzahn-Lemon-Curd-Quarkcreme

- 2 unbehandelte Bio-Zitronen
- 2 Eier
- 90 g Zucker
- 1 TL Stärke
- eine Müslischüssel abgezupfter Löwenzahnblüten
- 25 g Butter
- 500 g Quark
- 250 ml Sahne

Löwenzahn-Lemon-Curd

Zitronen abwaschen und die Schale in einen Topf reiben. Saft auspressen (etwa 150 ml) zusammen mit den Eiern, Zucker und Stärke in einen Topf geben. Die Löwenzahnblüten dazugeben (ein paar für die Deko zurücklassen).

Alles gut mit einem Schneebesen verrühren und die Mischung bei mittlerer Hitze für ca. 10 Minuten unter ständigem Rühren erhitzen (das Lemon Curd darf nicht kochen!). Das Curd nun durch ein feines Haarsieb streichen und mit der Butter verrühren.

Für die Torte den Quark mit dem Lemon Curd glattrühren und die geschlagene Sahne unterheben. Kühl stellen.

Zubereitung der Böden

Grüner Teig: Zunächst das Brennnesselpüree herstellen. Die Blätter mit kochendem Wasser ein paar Minuten überbrühen. Mit kaltem Wasser abschrecken und das Wasser abseihen (kann getrunken werden). Blätter abkühlen lassen, dann im Mixer mit dem Zitronensaft zu einer glatten Paste pürieren.

In einer Schüssel die weiche Butter und den Zucker schaumig rühren. Eier nach und nach hinzufügen. Die Vanille, den Zitronensaft, die Zitronenschale und das Brennnesselpüree zufügen und gut verrühren. Dann Mehl, Natron oder Backpulver und Salz dazugeben und alles zu einem cremigen Teig verrühren. Eine leicht gefettete und mit Mehl bestäubte Springform damit füllen und etwa 20 Minuten im auf 170 °C vorgeheizten Backofen backen. Der Teig darf nicht zu heiß backen, am besten mit Backpapier abdecken, sonst verblasst die grüne Farbe. Den Boden nach dem Backen aus der Form nehmen und abkühlen lassen.

Gelber Teig: Wie oben, nur statt Brennnesselpüree die Löwenzahnblüten und zusätzlich den Zitronensaft und Wasser unter den Rührteig rühren.

Fertigstellen der Torte

Den grünen Boden einmal durchschneiden, sodass es zwei Böden ergibt. Den unteren grünen Boden auf eine Tortenplatte geben und dick mit der Quarkcreme bestreichen. Den gelben Boden daraufsetzen und eine weitere Schicht Creme darauf verteilen. Den oberen grünen Boden auflegen und mit der restlichen Creme die ganze Torte bedecken und glattstreichen. Nun noch die restlichen Blütenblätter auf der Torte verstreuen. Ein paar kleine Brennnesselblätter und weitere Blüten nach Belieben auflegen. Die Torte kühl stellen.

Grüner Teig
- 150 g junge Brennnesselblätter
- 3 EL Zitronensaft
- 120 g Butter
- 100 g Zucker
- 2 Eier
- 1 Prise Salz, etwas Vanille
- Schale von 1 Zitrone
- 180 g Mehl
- 1 TL Natron oder Backpulver

Gelber Teig
- 80 g Butter
- 50 g Zucker
- 1 Ei
- 1 Prise Salz, etwas Vanille
- Schale von ½ Zitrone
- 40 g Löwenzahnblütenblätter
- 1 EL Zitronensaft
- 50 ml Wasser
- 70 g Mehl
- ½ TL Natron oder Backpulver

Exkurs: Kräuter-Brauerei

Selbst gebraute Getränke, bei denen aus Bakterien durch die Umwandlung von Zucker natürliche Kohlensäure und Alkohol entsteht, sind je nach Kräutern in ihrer Wirkung und im Geschmack sehr unterschiedlich. Die Möglichkeiten sind unbegrenzt. Ich verwende entweder selbst hergestelltes Hefewasser aus Rosinen, getrockneten Pflaumen oder normale Backhefe. Spezielle Bierhefekulturen kann man kaufen.

Dieses Gebräu ist kein Bier im eigentlichen Sinne. Der Alkoholgehalt ist geringer und der Vermalzungsprozess wird ausgelassen. Stattdessen verwende ich Zucker oder Melasse. Das Vermalzen von Gerste ist aufwendig und braucht Erfahrung. Mit Wildkräutern ist das Ergebnis nicht gut standardisierbar, sollte es mal nicht so gut gelingen, kann man das Gebräu gut als Haarspülung oder als Dünger verwenden.

Rosinen-Hefewasser

Zutaten Rosinen-Hefewasser

- 400 ml Wasser
- 80 g Rosinen (ungeschwefelt)
- 1 TL brauner Zucker oder Honig

300 ml lauwarmes Wasser mit 40 g Rosinen in ein größeres Einmachglas oder eine Bügelverschlussflasche geben, die Hefe braucht Sauerstoff. Gut schütteln und bei 20 bis 25 Grad warmhalten. Am nächsten Tag das Glas kurz öffnen, die Luft herauslassen, Sauerstoff zum Gären hineinlassen und morgens und abends schütteln. Weiter warmhalten. Am dritten Tag wieder öffnen und schütteln wie am Vortag. Wenn am nächsten Tag die Rosinen oben schwimmen, diese abseihen und 20 g neue Rosinen und 100 ml lauwarmes Wasser dazugeben. Wieder ein bis drei Tage lauwarm halten, öffnen und schütteln. Nun sollte es gut hefig riechen und kann verwendet werden.

Am besten 150 ml des Hefewassers im Kühlschrank für den nächsten Brauvorgang oder auch zum Backen aufbewahren. Das Hefewasser kann mit Rosinen und Wasser immer wieder aufgefüllt werden und wachsen.

Löwenzahn-Brennnessel-Bräu

Vom Löwenzahn nimmt man am besten im frühen Frühjahr die Blätter vor der Blüte, dann sind sie weniger bitter, von der Brennnessel, junge Blätter. Das erste Ergebnis mit 500 g Zucker war eher wie eine Limonade, es war nicht alles vergoren. Beim zweiten Mal mit 300 g war es gar nicht mehr süß, aber auch schön sprudelig. Wenn man zu wenig Zucker nimmt, kann es passieren, dass der Ansatz umkippt und schimmelt. Insbesondere bei Gewitterwetter ist die Gefahr des Schimmelns höher.

Zutaten Löwenzahn-Bräu

- 150 g frische Löwenzahnblätter
- 100 g frische Brennnesselblätter
- 20 g Schale einer Bio-Zitrone (möglichst ohne weiße Innenhaut)
- 20 g Ingwer
- 2 l Wasser
- 300 bis 500 g Zucker
- 300 ml Hefewasser oder ½ Würfel frische (Bier-)Hefe

Das Brauen

Löwenzahn, Brennnessel, Zitrone und den kleingeschnittenen Ingwer mit einem Liter Wasser in einen Topf geben. Etwa 30 Minuten köcheln lassen. Die Flüssigkeit abseihen und in einen nicht metallischen Behälter geben. Einen Liter kaltes Wasser und den Zucker dazugeben. Wenn die Flüssigkeit lauwarm ist, das Hefewasser zugeben. Nun den Behälter mit einem Tuch abgedeckt im Backofen oder an einer Heizung möglichst gleichmäßig bei 20 bis 25 Grad warmhalten (nicht wärmer!). Am nächsten Tag sollte sich Schaum gebildet haben. Vier bis fünf Tage warm stehen lassen und zweimal täglich mit einem Holzlöffel umrühren. Die Gärung sollte weitgehend abgeschlossen sein und die Flüssigkeit wenig süß. Ist es gar nicht mehr süß, kann man noch einen Esslöffel Zucker für die Nachgärung hinzugeben. Das Gebräu in Bügelflaschen füllen und eine Woche bei warmer Raumtemperatur stehen lassen. Ab und zu die Flaschen kurz öffnen, um etwas Druck herauszulassen. Dann noch mindestens eine Woche in den kühlen Keller stellen. Nun kann das Gebräu gut gekühlt genossen werden.

Beim Öffnen vorsichtig sein, es könnte spritzen. Das Bier kann einige Monate gelagert werden und verändert seinen Geschmack, bei mir war es nach einem Jahr sehr lecker.

Löwenzahn-Kletten-Bräu

Zutaten
- etwa 100 g Wurzeln der Großen Klette
- 100 g Löwenzahnwurzeln
- Saft und Schale einer kleinen Zitrone
- 2 l Wasser
- 250 g Zucker
- 1 EL schwarze Melasse
- ½ Würfel (Bier-)Hefe oder Hefewasser aus Rosinen

Seit dem 13. Jahrhundert ist in der englischen Küche »Dandelion and Burdock« oder D&B (Löwenzahn und Große Klette) als gesunde, alkoholfreie Getränkespezialität beliebt. Der Universalgelehrte Thomas von Aquin (1225–1274) soll das ursprüngliche Rezept erfunden haben. Viele der im Supermarkt angebotenen D&B-Getränke sind künstlich aromatisiert und nicht wie ursprünglich gebraut, sondern mit Kohlensäure versetzt und sehr süß.

Klettenwurzel erntet man im Herbst oder Frühjahr vor der Blüte. Im Foto links habe ich sie Ende März geerntet. Im asiatischen Raum und in der makrobiotischen Ernährung ist sie sehr beliebt und deshalb im Handel erhältlich. Klettenwurzel soll unsere Yang-Energie stärken und kann uns erden.

Das Brauen

Die Wurzeln mit viel Wasser säubern und kleinschneiden. Die Zitrone auspressen. Nun die Wurzeln und die Zitronenschale mit einem Liter Wasser in einem Topf eine halbe Stunde köcheln. Dann vom Herd nehmen und die Flüssigkeit durch ein Seihtuch auffangen. Das restliche kalte Wasser, Zucker, Melasse und Zitronensaft hineingeben und rühren, bis sich der Zucker aufgelöst hat. Diese Flüssigkeit in einen nichtmetallischen Behälter geben. Wenn die Flüssigkeit lauwarm ist, die Hefe zufügen und auflösen. Nun eine Woche bei warmer Raumtemperatur (20 bis 25 °C) wie beim Löwenzahn-Brennnessel-Bräu gären lassen. Nun in saubere Flaschen mit Bügelverschluss füllen und nochmals eine Woche bei Raumtemperatur stehen lassen. Die ersten Tage die Flaschen noch einmal öffnen, um den Druck abzulassen. Nun noch mindestens eine Woche im Keller ruhen lassen. Dann kann man vorsichtig die Flasche öffnen und das würzige Gebräu genießen. Mit Eisstückchen ist es ein erfrischendes leckeres Sommergetränk, insbesondere wenn es noch viel Süße enthält.

Löwenzahn-Brennnessel-Kombucha

Etwa 500 ml Wasser zum Kochen bringen und die Löwenzahnblätter damit übergießen. 10 bis 15 Minuten ziehen lassen. Die Blätter heraussieben. Die restlichen 800 ml kaltes Wasser hinzufügen und den Zucker darin auflösen. Den SCOBY nun in das Glas geben und mit der nur noch lauwarmen Flüssigkeit aufgießen. Das Glas mit einem sauberen Tuch abdecken und mit Gummiband befestigen. Der SCOBY braucht Sauerstoff, also nicht mit einem Deckel verschließen!

Je nach Außentemperatur und Vorliebe lässt man die Flüssigkeit nun 5 bis 10 Tage bei warmer Zimmertemperatur fermentieren. Man kann zwischendurch mit einem Trinkhalm (Löwenzahnstängel zum Beispiel) testen, wie sehr sich der Zucker schon umgewandelt hat. Je länger es fermentiert, desto saurer wird das Getränk.

Ich fülle den Kombucha in Bügelflaschen, wenn noch etwas Süße herauszuschmecken ist. Der Kombucha gärt in den Flaschen weiter. Wenn die Flaschen sehr warm stehen, sollte man sie täglich öffnen, damit der Luftdruck entweichen kann. Ansonsten kann es passieren, dass der Druck so groß wird, dass der ganze Inhalt beim Öffnen herausspritzt. Schon nach zwei bis drei Tagen hat man ein leckeres, sprudelndes Getränk.

Wichtig ist, nicht alles abzufüllen. Um den SCOBY aufzubewahren, wird er mit 200 bis 300 ml der Flüssigkeit in ein Schraubglas gegeben. Er kann mehrere Wochen im Kühlschrank aufbewahrt werden, bis er wieder verwendet wird.

Tipp: Ist der Kombucha zu sauer, kann man zum Trinken noch Apfel- oder Traubensaft dazugeben oder auch in der Flasche noch etwas Fruchtsaft nachgießen und nachgären lassen.

Zutaten
- eine große Schüssel frische Löwenzahn- und Brennnesselblätter
- etwa 100 g Zucker
- 1,3 l Wasser
- 1 Kombucha-Bakterienkultur (auch SCOBY genannt)
- etwa 200 ml Ansatzflüssigkeit des SCOBY
- Glasbehälter mit 1,5 bis 2 l Volumen (Fermentier- oder Weckglas)

Löwenzahn-Wein

Zutaten

- 2 bis 3 Liter Löwenzahnblütenblätter (locker gefüllt)
- 1 ungespritzte Orange mit Schale
- 1 ungespritzte Zitrone mit Schale
- 4 l Wasser
- 1½ kg Zucker
- 1 Gläschen flüssige Weinhefe
- 500 g ungeschwefelte Rosinen

Die Löwenzahnblüten bei sonnigem, trockenem Wetter sammeln und die gelben Blütenblätter bald abzupfen.

Nun die Blütenblätter in einen großen Behälter geben. Mit einem Sparschäler oder einer Reibe von den Zitrusfrüchten die äußere Schale abziehen oder abreiben. Von der weißen, bitteren Haut soll möglichst wenig hineinkommen. Nun die Früchte schälen, in dünne Scheiben schneiden und zu den Blüten geben.

Das kochend heiße Wasser darübergießen und den Topf mit einem sauberen Leinentuch abdecken. Den Blütenansatz zwei Tage stehen lassen, dabei täglich zweimal gut umrühren. Nach zwei Tagen den Sud aufkochen. Danach die Blüten und Zitrusfrüchte abseihen. Den Zucker in dieser Flüssigkeit auflösen und lauwarm (25 bis 30 Grad) abkühlen lassen.

Nun die Hefe und die Rosinen hinzufügen. Alles zum Gären in ein großes, nicht metallisches Gefäß geben. Nach oben etwas Platz zum Gären lassen. Mit einem sauberen Leintuch abdecken und bei 20 bis 25 Grad ein bis zwei Wochen stehen lassen. Täglich mit einem Holzlöffel umrühren. Bei zu warmer Temperatur gärt es zu schnell und es kann minderwertiger Fuselalkohol entstehen. Wenn die Fermentation weitgehend abgeschlossen ist, nur noch wenige Bläschen hochkommen, wird der Sud noch einmal durch ein Seihtuch gefiltert.

Die Rosinen können noch für Rosinenbrot oder in Süßspeisen verwendet werden, wenn man die Zitrone herausfischt.

Den Wein kann man nun zum Reifen in eine spezielle Glasballonflasche geben und wenn der Druck nachlässt in Flaschen verkorken. Oder man gibt die Flüssigkeit direkt in stabile

Es wird angenommen, dass Löwenzahn-Wein keltischen Ursprungs ist. Im späten 19. und frühen 20. Jahrhundert galt es für Frauen als nicht angemessen, Alkohol zu trinken. Löwenzahn-Wein wurde jedoch als Heilmittel für die Nieren und für das Verdauungssystem empfohlen, sodass auch die Damen davon trinken durften.

Bügelflaschen. Es ist ratsam, dass man erst auf jede Flasche einen Luftballon steckt. Wenn dieser sich aufrichtet, gärt es noch zu stark, erst wenn er schlapp runterhängt, die Flasche verschließen. Die Flaschen werden für mindestens sechs Monate an einem kühlen, dunklen Ort gelagert. Der Wein kann im späten Winter genossen werden. Länger gelagert, wird er meist noch besser.

Mein Wein war zunächst sehr süß und etwas sprudelig. Mit Zitronensaft, Salbeitee und Eisstücken gemischt, war es ein erfrischender Cocktail.

Achtung! Solange die Fermentation in den Flaschen noch nicht ganz abgeschlossen ist, können defekte oder minderwertige Flaschen explodieren. Es soll auch schon vorgekommen sein, dass heimlich Flaschen aus dem Keller entwendet wurden und in Schlafzimmerschränken explodiert sind.

Dünnwandige Bügelflaschen sind nicht geeignet. Hat man Sorge, dass die Flaschen platzen könnten, kann man einen Karton darüberstülpen oder ein Tuch darüberlegen. So kann zumindest nichts umherfliegen.

Löwenzahn-Sekt oder -Limonade

Zutaten
- 50 g Honig
- 2 l Wasser
- etwa 30 bis 40 g Löwenzahnblütenblätter
- 1 große Zitrone

In einem großen, nichtmetallischen Topf mit Deckel Honig in lauwarmem Wasser auflösen. Dann die Blütenblätter und die in feine Scheiben geschnittene Zitrone zufügen. An einem warmen Platz abgedeckt stehen lassen und mehrmals mit einem Holzlöffel umrühren. Nach einem Tag ist schon eine Art Löwenzahn-Limonade entstanden, die gefiltert und mit Mineralwasser aufgegossen werden kann und noch nicht alkoholisch ist.

Für den Sekt noch bis zu zwei Tage stehen lassen und die Flüssigkeit dann abfiltern. In Bügelflaschen bis zum Flaschenhals füllen, etwas Platz zum Gären nach oben lassen. Die Flaschen nun im kühlen Keller für mindestens sechs Monate stehen lassen. Zum Genießen vorsichtig öffnen.

SOMMER

Löwenzahn-Ernte im Sommer

Bei starker Sonneneinstrahlung färben sich die Blätter rötlich.

Schon ab Juni ist Löwenzahn auf den Wiesen kaum noch zu sehen. Er blüht nur noch vereinzelt, die Blätter sind unter dem hohen Gras versteckt. Die Löwenzahnblätter wachsen jedoch frisch nach, wenn sie geschnitten wurden. In meinem Garten pflücke ich die alten Blätter ab, sodass ich immer wieder frisches Grün habe. Je nach Standort und Sonneneinstrahlung sind die Blätter nun bitterer. Ein paar Blätter esse ich direkt immer wieder mal. Ansonsten gebe ich nur ein paar Blätter in Salat, in Risotto oder andere Gemüsegerichte. Stülpt man einen großen Blumentopf oder eine andere Abdeckung, am besten mit ein paar Luftlöchern, über die Blattrosetten des Löwenzahns, bildet dieser weniger Bitterstoffe, bleibt heller und zarter.

Wird der Löwenzahn nicht geschnitten, werden die älteren Blätter rötlich-braun und zäh. Auf Rasenflächen, wo regelmäßig geschnitten wird, blüht der Löwenzahn noch häufiger flach am Boden. Der Löwenzahn passt sich auch dort an, duckt sich nach unten, um dem Rasenmäher zu entwischen. Offenbar weiß die Pflanze, was passieren wird.

Auch die Pusteblumen werden im Sommer selten. Die ähnlichen Samenstände von Ferkelkraut, Pippau und Wiesenbocksbart können dann mit Löwenzahn verwechselt werden.

Pflanzenbegegnung im Sommer

Im Sommer suche ich den Löwenzahn bewusst. Wenn mein Magen Unterstützung braucht, fällt er mir ein und ich hole mir ein paar Blätter. In meinem Kräutergarten bessert der Löwenzahn den Boden auf, ich hatte viel harten Lehm. Durch Gartenabfälle und Kompost und mithilfe des Löwenzahns wird der Boden immer lockerer. Außerdem breiten sich die Blattrosetten so aus, dass sie als Bodendecker die Austrocknung des Bodens verhindern.

Löwenzahn kühlt. Der weiße Löwenzahnsaft ist ein hervorragendes Hautpflegemittel. Bei Juckreiz und Schmerzen von

Die Blätter kühlen; im Sommer auf die Augen gelegt, können die Augen entspannen.

Insektenstichen und Verbrennungen kann er lindern. Die Blätter lege ich mir auf die Augen, um diese zu kühlen. Der weiße Milchsaft soll zudem die Sehkraft verbessern. Ich reibe ab und zu ein wenig Milchsaft aus dem Stängel in und um die Augen herum. Augenübungen, um die Augen massieren und der Löwenzahnmilchsaft helfen sicher, die Augen gut zu durchbluten und zu klären. Die Brille ist ein Hilfsmittel, wenn ich zeichne oder im Dämmerlicht lese. Bevor ich eine stärkere Brille kaufe, widme ich meinen Augen wieder mehr Zeit.

Wenn die Blätter für Salat gewässert werden, nehme ich manchmal das Wasser und wasche meinen Körper oder auch nur das Gesicht damit ab. Bei regelmäßiger Anwendung soll es Pigmentflecken vermindern. Außerdem soll es eine besondere Ausstrahlung verleihen. Im Volksglauben heißt es, dass man von Menschen, die einem dann begegnen, jeden Wunsch erfüllt bekommt. Vielleicht ist es auch hier so, dass die Aufmerksamkeit auf eigene Wünsche gerichtet ist, diese dann eher erfüllt werden, weil die Gedanken und die Ausstrahlung es fördern.

Blätter wässern und blanchieren

Nur selten blüht der Löwenzahn im Sommer. Als sogenannter Kurztagsblüher braucht er längere Nächte für die Blütenbildung.

Sind die Blätter sehr bitter, lege ich sie etwa eine halbe Stunde in eine Schüssel mit Wasser. Man kann noch eine Prise Salz oder einen Schuss Essig hineingeben. Dann die Blätter heraussieben. Insbesondere Kinder mögen und brauchen die Bitterstoffe nicht; zu viel davon kann die Verdauung eher beeinträchtigen.

Durch das Blanchieren der Blätter werden sie zarter und bekommen eine intensive grüne Farbe. Dafür werden die Blätter etwa eine Minute in leicht gesalzenes Kochwasser gegeben. Es sollte so viel Wasser im Topf sein, dass es nicht zu sehr abkühlt, nachdem die Blätter zugefügt wurden. Die Bitterstoffe zersetzen sich schnell bei dieser hohen Temperatur. Das Grün des Chlorophylls bleibt noch erhalten. Damit es besonders schön grün bleibt, sollten die Blätter direkt nach dem Kochen mit kaltem Wasser abgeschreckt werden. Chlorophyll zersetzt sich und wird braun, wenn es länger erhitzt wird, deshalb sollte man auch Gebäck mit grünen Pflanzenpürees nicht zu lange und zu heiß backen.

Im Wasser lösen sich die Bitterstoffe. Nach dem Absieben kann das Wasser zur Hautpflege verwendet werden.

Löwenzahn-Risotto

Zutaten für 4 Personen

- etwa 100 g Löwenzahnblätter und ein paar Blüten
- 2 EL Sonnenblumenöl
- 1 kleine Zwiebel
- 1 Knoblauchzehe (fein gehackt)
- 300 g Risottoreis
- 100 ml Weißwein
- 900 ml heiße Gemüsebrühe
- evtl. Salz, Pfeffer
- 50 g Parmesan (oder anderer würziger Käse)
- Balsamessig

Die Löwenzahnblätter in Streifen schneiden. Das Öl in einem Topf mit schwerem Boden erhitzen. Kleingeschnittene Zwiebeln und Knoblauch darin anschwitzen.

Nun den Reis hinzufügen und mit anrösten, bis der Reis glasig ist. Mit dem Weißwein ablöschen, die Hälfte der Gemüsebrühe dazugeben und aufkochen lassen. Einige Minuten köcheln lassen und mehr Gemüsebrühe dazugeben, wenn die Flüssigkeit vom Reis aufgesogen ist. Ab und zu umrühren. Die restliche Gemüsebrühe nach und nach zugeben, bis sie aufgebraucht und der Reis gar ist.

Die Löwenzahnblätter kurz vor dem Servieren unterheben. Mit Salz und Pfeffer abschmecken. Zum Schluss den geriebenen Parmesan und noch ein paar abgezupfte Blütenblätter darüberstreuen. Ein wenig Balsamessig darüber tropfen lassen.

Löwenzahn-Risotto kann man als Hauptgericht essen und als Beilage. Dazu einen frischen Kräutersalat servieren.

Tipp: Statt Weißwein kann man einen Schuss Weißweinessig nehmen, dann die Menge der Gemüsebrühe auf einen Liter erhöhen.

Ein paar Blüten sind schnell gezupft. Über Salate und andere Speisen gestreut, bringt das Farbe und gesunde Flavonoide ins Essen.

Löwenzahn-Mandelmilch

Verwendet man nur die Blüten, erhält man ein mildes Getränk. Dazu die gelben Blütenblätter von den grünen Hüllblättern abzupfen. Mag man es leicht bitter, kann die ganze Blüte verwendet werden. Die braune Schale der eingeweichten Mandeln abstreifen. Dann den Löwenzahn mit den Mandeln, kleingeschnittenen Datteln und dem Wasser in einen Mixer geben, ganz fein mixen. Je mehr Wasser man nimmt, desto leichter und erfrischender wird es. Einen intensiven Geschmack erhält man mit der geringeren Wassermenge. Die Milch kann man direkt trinken, feiner schmeckt sie, wenn sie noch durch ein Mulltuch abgegossen wird.

Zutaten

- 1 Tasse Blüten oder, wenn es nicht genug gibt, auch die gewässerten Blätter
- 1 Tasse Mandeln (über Nacht eingeweicht oder kurz überbrüht)
- 2 bis 4 getrocknete Datteln
- 400 bis 800 ml Wasser

Löwenzahn-Kokos-Pralinen

Die Löwenzahnblüten abzupfen. Von den Mandeln die braune Haut abziehen. Nun zuerst die Mandeln ganz fein hacken oder mahlen. Stattdessen kann man auch Mandelmus verwenden. Nun die Kokosraspel, zwei Drittel der Blütenblätter, Zitrone und Süßmittel nach Geschmack dazugeben. Aus dem Mus nun kleine Kugeln formen, in den restlichen Blütenblättern oder in Kokosflocken wälzen und diese etwas andrücken. Kühl gelagert halten sie sich einige Wochen.

Zutaten

- 1 kleine Schüssel abgezupfter Löwenzahnblütenblätter
- 50 g eingeweichte Mandeln (oder Mandelmus)
- 125 g Kokosraspel
- ca. 50 ml Honig oder Ahornsirup
- nach Geschmack Zitrone, Saft und etwas Abrieb der Schalen

Tipp: Für ein deftiges Buffet: Frischkäse zu Kugeln formen und in Löwenzahnblüten wälzen.

Polenta mit Tomatensoße und Löwenzahn

Zutaten Polenta (für 2 bis 3 Personen)
- 1 l Wasser
- 1 Lorbeerblatt, Muskat, Salz, etwas Knoblauch, Pfeffer
- 200 g Maisgrieß
- 50 g Butter oder Olivenöl

Zutaten Tomatensoße
- 1 kleine Zwiebel, feingehackt
- 1 EL Pflanzenöl
- 2 Knoblauchzehen, feingehackt
- 500 g Tomaten, kleingeschnitten
- 1 Bund frischen oder getrockneten wilden Majoran oder Oregano
- Rosmarin, Thymian, Salbei
- Salz, Pfeffer

Topping
- 150 bis 200 g Löwenzahnblätter
- gutes Olivenöl, Balsamessig, Zitrone, Mozzarella, Parmesan oder Pinienkerne

Für eine cremige Polenta das Wasser in einen Topf mit schwerem Boden gießen. Das Lorbeerblatt, etwas geriebene Muskatnuss, fein gehackten Knoblauch, Salz und Pfeffer zufügen. Nun den Maisgrieß unter stetigem Rühren in den Topf rieseln lassen. Aufkochen und etwa 20 Minuten bei geringer Hitze quellen lassen. Immer wieder mal gut umrühren, damit der Grieß nicht am Boden festbrennt. Zum Schluss noch das Öl oder die Butter unterrühren.

Für die Tomatensoße zuerst die Zwiebel in dem Öl andünsten, dann den Knoblauch zufügen und ein wenig anbraten. Dann die Tomaten und die fein gehackten Kräuter dazugeben. Man kann auch mediterranes Kräutersalz nehmen. Frische Blätter des wilden Majorans machen die Soße besonders lecker. Etwa zehn Minuten einkochen lassen. Mit Salz und Pfeffer abschmecken.

Die Polenta auf die Teller verteilen. Eine Mulde hineindrücken und die Tomatensoße hineingeben. Die kleingeschnittenen Löwenzahnblätter darüber streuen. Olivenöl, etwas Zitrone, Balsamessig, Käse oder Pinienkerne darüber geben und genießen.

Löwenzahnblüten-Öl oder -Salbe

Frische Löwenzahnblüten auseinanderzupfen und in einem Glas in das Öl geben. Im Wasserbad oder in der Sonne erwärmen und gut verrühren. In der Sonne das Glas mit einem Tuch abdecken. Einige Stunden warm stehen lassen, dann über Nacht ziehen lassen. Am nächsten Tag das Blütenöl kurz erwärmen, damit es flüssig ist. Den Ölauszug durch ein sauberes Küchen- oder Seihtuch abseihen. Das Tuch gut auspressen und das Öl in einem sauberen Gefäß auffangen. In Gläschen füllen und luftdicht verschließen.

Das Blütenöl wird bei Hautflecken, rauer Haut, als Massageöl und bei Muskelverspannungen empfohlen. Ich verwende es als Hautpflege, wenn zu viel Sonne meine Haut gereizt hat.[205] Kokosöl wehrt zudem Zecken ab, sodass es vorsorglich insbesondere an Knöcheln aufgetragen werden kann.

Variante: Eine cremige Salbe erhält man mit Kokosöl, Sheabutter und Olivenöl. Zusammen mit den Löwenzahnblüten auf maximal 60 Grad im Wasserbad erhitzen und mindestens zwei Stunden ziehen lassen und immer wieder rühren. Über Nacht stehen lassen. Dann wieder erwärmen, bis es flüssig ist. Durch ein Tuch abseihen. In Gläser füllen, abdampfen lassen, dann verschließen und kühl stellen. Kokosöl wird erst nach einigen Stunden fest.

Zutaten Blütenöl
- 1 Handvoll Löwenzahnblüten mit Blütenkopf
- 100 ml Kokosöl oder Olivenöl

Zutaten Blütensalbe
- 50 ml Kokosöl
- 50 ml Sheabutter
- 1 EL Olivenöl
- 1 Handvoll Löwenzahnblüten mit Blütenkopf

Tipp: Da es im Frühjahr mehr Blüten gibt, stelle ich die Salbe eher im späten Frühjahr her, im Sommer verwende ich sie.

HERBST

Löwenzahn-Ernte im Herbst

Ab Ende September, wenn es nicht mehr heiß ist, die Wiesen gemäht sind, Gras und Kräuter nachwachsen, findet man wieder mehr und zartere Löwenzahnblätter. Einzelne Blüten und Pusteblumen schaffen es noch, sich zu öffnen. Wenn der Herbst sehr feucht ist, gibt es wenige Blüten, und die Flugschirmchen der Pusteblume können nicht fliegen. Die Stängel sind nicht so hoch, nicht so knackig frisch, nicht so aufrecht. Die Blüten leuchten weniger, öffnen sich manchmal gar nicht voll. Zum Trocknen sind die Blüten nun nicht mehr geeignet.

Ab dem späten Herbst kann man die Wurzeln ausgraben. Sie sind nun besonders dick und reich an Inulin. Das Wurzelgraben und Trocknen ist im Kapitel *Winter* beschrieben.

Die Flugschirmchen dienen auch als »Regenschirm«, sie halten die Feuchtigkeit vom Samen ab.

Pflanzenbegegnung im Herbst

Im Herbst mache ich wieder ausgiebigere Spaziergänge. Nicht wie im Frühjahr, um viele Kräuter zu sammeln, sondern um die Ruhe und die sich wandelnde Natur zu genießen. Wind, die bunten raschelnden Blätter, das kalte Wasser im Fluss. Es blüht allgemein weniger. Das Sterben und neu Entstehen ist nebeneinander sichtbar. Die absterbenden Blätter, verfaulende Früchte, die Samen und, insbesondere bei den mehrjährigen Pflanzen, die ersten jungen neuen Pflänzchen. Löwenzahnsamen verfangen sich in Spinnennetzen.

Der Löwenzahn bringt noch einmal Knospen und Blüten hervor, gleichzeitig hat er teils rötliche, absterbende Blätter. Es ist alles nebeneinander, wenn etwas vorbei ist, kündigt sich in der Natur ein Neuanfang an. So kann die Traurigkeit auch Freude enthalten, dass etwas Neues beginnt. Trauer und Freude bedingen sich, sind zwei Pole. Fröhliche Menschen haben auch sehr traurige Phasen. Der Löwenzahn mit der tiefen Wurzel ins dunkle Erdreich und den leuchtenden Blüten in der Luft ist ein Symbol dafür.

Der Kurztagsblüher blüht nun im Herbst wieder öfter.

Kontakt mit der Erde (Earthing)

Mittlerweile gibt es viele Studien, die belegen, barfuß mit der Erde in Kontakt zu sein, hilft bei Stress, Entzündungen und vielen Krankheiten. Auch über die Hände, den ganzen Körper können wir den Energiefluss mit der Erde aktivieren. Ebenso wirkt Schwimmen in natürlichen Gewässern.

Im Erdboden fließen freie Elektronen. Die Erde ist negativ geladen, die Atmosphäre positiv. Wir als Naturwesen sind Teil des globalen Elektronenflusses. Sind wir von der Erde durch dicke Sohlen isoliert, kann sich eine statische Spannung im Körper aufladen. Elektronische Geräte fördern zudem eine Aufladung mit Spannung in unserem Körper. Stellt man sich barfuß auf die Erde, verschwindet die Spannung sofort. Ein von der Erde isoliertes Leben, in »Betonbunkern«, im Auto, auf dem Fahrrad, auf Asphalt, Plastiksohlen und die permanente Nutzung elektronischer Geräte verhindern einen ungestörten

Löwenzahnblätter fühlen sich kühl und glatt an.

Elektronenfluss von Erde, Atmosphäre und Mensch. Barfuß zu laufen, ist in naturnah lebenden Kulturen selbstverständlich. Hier wird es zum Gesundheitstrend, *Grounding* oder *Earthing* wird es auch manchmal genannt.[206]

Zahlreiche Zivilisationskrankheiten werden mittlerweile mit einem stockenden Energiefluss in Verbindung gebracht: Diabetes, Autoimmunerkrankungen oder Alzheimer. Im Spitzensport wurde *Earthing* angewendet und folgende positive Eigenschaften festgestellt: weniger Schmerzmittel, besserer Schlaf, schnellere Heilung von Verletzungen, weniger Übelkeit, bessere Mundgesundheit, bessere Stressbewältigung, stabilere psychologische Veranlagung, mehr Energie, weniger Steifheit und Muskelkater.[207]

Mit unseren Füßen können wir zudem viel erspüren. Viele Energiepunkte liegen unter unseren Fußsohlen. Oft ist unser Tastsinn an den Füßen verkümmert, unsere Nerven und die Durchblutung funktionieren dann nicht mehr gut. Ich gehe ab und zu eine lange Strecke barfuß, ertaste die Kräuter, die verschieden zusammengesetzte Erde, das Laub, das Wasser, den Lehm. Kalter Boden im Schatten, warmer Sand in der Sonne, kühle Kräuter wie Löwenzahn, warmes, trockenes Heu. Es kann glatt, pieksig, rau, samtig sein. Ein Tastspiel mit den Füßen kann die Sinne wieder wecken. Wer erkennt die Kräuter, die Früchte oder Samen mit den Füßen?

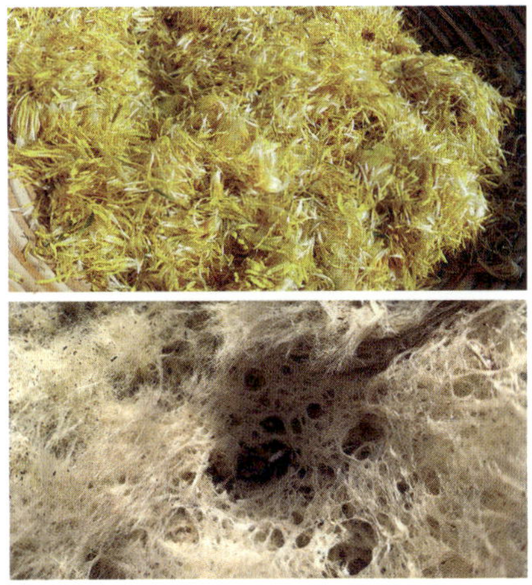

Löwenzahnblüten, von Motten befallen.

Vergänglichkeit des Löwenzahns

Im Herbst habe ich entdeckt, dass sich meine getrockneten Blüten zu einer von Motten durchsetzten, flauschig-versponnenen Masse verwandelt hatten. Auch meine Objekte aus Löwenzahnstängeln, die ich in einem dunklen Karton aufbewahrt hatte, waren von Motten zerfressen, ebenso Wurzeln, die ich in einem Glas aufbewahrt hatte. Objekte, wie mein Hut, die ich offen an der Luft aufgehängt hatte, waren zum Glück nicht betroffen.

Dies hat mir wieder verdeutlicht, Löwenzahn steht für Wandel, ist in stetiger Veränderung, vergänglich. Materielles löst sich auf, gibt Platz für Neues.

Löwenzahnkordel und Flechtbänder mit Mottenbefall.

Löwenzahn-Kartoffelsalat

Zutaten

- 750 g geschmackvolle, festkochende Kartoffeln
- ¼ l Wasser
- 6 EL Apfelessig
- 1 TL Salz
- 3 EL gutes Oliven- oder Sonnenblumenöl
- 1 kleine Handvoll Gänseblümchenblüten
- 1 Bund Löwenzahnblätter, ein paar Blüten

Die Kartoffeln mit der Gemüsebürste putzen und mit Schale dämpfen oder kochen. Sie sollen gar, aber noch schnittfest sein. Dann die Kartoffeln abpellen und in Scheiben schneiden.

Für die Marinade ¼ l Wasser aufkochen, Essig und Salz dazugeben und alles verrühren, bis das Salz aufgelöst ist. Nun über die geschnittenen Kartoffeln geben. Die Mischung abgedeckt etwa eine Stunde ziehen lassen.

Vor dem Servieren die Löwenzahnblätter kleinschneiden und mit den Gänseblümchenblüten in einer Schüssel zusammen mit einer Prise Salz waschen. Absieben und dann das Öl, die Gänseblümchen und Löwenzahnblätter unter die Kartoffeln mischen. Mit abgezupften Löwenzahnblüten dekorieren.

Tipp: Der Salat kann vielfältig variiert werden. Zum Beispiel kann man eine kleine, kleingeschnittene Salatgurke hinzufügen oder einige eingelegte Essiggurken. Ein wenig Gundermann und Blüten des Gundermanns geben einen schönen würzigen Geschmack, und die lila Farbe der Blüten sieht auch sehr schön dazu aus.

Löwenzahn und Gänseblümchen wachsen auf häufig geschnittenen Rasenflächen nebeneinander.

Löwenzahn-Pesto

Die Walnuss- oder Sonnenblumenkerne anrösten. Blätter fein hacken und mit dem Salz und Öl vermischen. Die Kerne nun fein hacken und alles zusammenmischen. Zum Aufbewahren in ein sauberes Glas geben und dicht hineindrücken, noch etwas Öl obendrauf gießen, so hält es sicher ein paar Wochen. Das Pesto schmeckt als Beilage zu Nudeln, Kartoffeln oder auf Brot.

Zutaten
- 50 bis 80 g Walnusskerne oder Sonnenblumenkerne
- etwa 300 g Löwenzahnblätter oder gemischt mit Blüten
- 2 bis 3 TL Kräutersalz
- 150 bis 200 ml Olivenöl

Meerrettich-Löwenzahn-Joghurt-Dip

Die Löwenzahnblätter fein hacken und die Blüten abzupfen. Meerrettich mit Joghurt, Öl und Salz verrühren. Dann die Blätter untermischen. Mit den Blüten dekorieren. Der Dip schmeckt gut zu Gemüse oder Brot.

Tipp: Den Meerrettich kann man im Herbst oder Frühling wild auf sonnigen Wiesen wachsen sehen. Die Wurzel kann dann frisch für den Dip ausgegraben werden. Man kann stattdessen auch junge frische Blätter des Meerrettichs verwenden.

Zutaten
- 50 bis 100 g Löwenzahnblätter und ein paar Blüten
- nach Geschmack 20 bis 30 g geriebener Meerrettich
- 200 ml Joghurt
- 50 ml Oliven- oder Sonnenblumenöl
- knapp ½ TL Salz

Meerrettich wächst an Ackerrändern oder auf sonnigen Wiesen.

Löwenzahn-Tee

Blätter: 1 TL getrocknetes Kraut oder zwei bis drei frische Blätter mit einer Tasse heißem Wasser aufgießen, 5 bis 10 Minuten ziehen lassen. Als Kur 3 bis 5 Tassen täglich mindestens vier Wochen lang, zur Leberregeneration möglichst viele Monate lang, einnehmen.[208]

Blüten: Frisch aufgeblühte, trockene Löwenzahnblüten am späten Morgen ernten und an einem dunklen, gut durchlüfteten Ort, am besten auf einem Gitter, trocknen. So behalten sie ihre gelbe Farbe und blühen nicht aus. Man kann auch die Blütenblätter abzupfen und nur die Zungenblüten für einen bitterstoffarmen Tee trocknen. Für den Tee einen gehäuften Teelöffel Blüten mit einer Tasse heißem Wasser aufgießen, zehn Minuten ziehen lassen und dann abgießen. Bei Hautekzemen dreimal täglich über einen längeren Zeitraum eine Tasse trinken.[209] Man kann die frischen Blüten auch direkt verwenden.

Samen: Die Löwenzahnsamen sind besonders wertvoll, da sie reich an Mineralstoffen und Ölen sind. Der Tee schmeckt richtig gut. Die Samen kann man auch essen. Dafür die Flugschirmchen der Pusteblume mit den Fingern abzupfen und die Samen abbeißen. Gut zerkauen, damit der Magen sie auch verwerten kann. Eine kleine Notnahrung oder einfach als Geschmackserlebnis.

Wurzeln: Einen gehäuften Teelöffel klein geschnittene Löwenzahnwurzel etwa 8 Stunden in 250 ml kaltem Wasser ansetzen. Dann bis zum Siedepunkt erhitzen und die Wurzeln heraussieben. Zur Leberstärkung eine halbe Stunde vor und eine halbe Stunde nach dem Frühstück schluckweise trinken.[210]

Wurzeln, Blätter, Blüten: Für die ganze Palette der Wirkstoffe kann man die drei Bestandteile der Pflanze nehmen. Dazu etwa zwei Teelöffel getrockneten Löwenzahn mit 250 ml kochendem Wasser aufgießen, 15 Minuten ziehen lassen. Als Kur täglich drei Tassen sechs Wochen lang ungesüßt trinken.[211]

Tipp: Löwenzahn als Heilpflanzentee sollte immer ungesüßt getrunken werden, ansonsten wirken die Bitterstoffe nicht.

Löwenzahn-Hydrolat

Im späten Herbst bis zum Frühjahr, wenn ich den Holzherd zum Heizen anzünde, kann das Hydrolat ohne zusätzlichen Energieaufwand entstehen. Es funktioniert auch auf dem Elektroherd oder an einem Lagerfeuer. Den Topf fülle ich mit Wasser bis knapp unter den Siebeinsatz. Ich nehme das Wasser aus der Regentonne, so entsteht kein Kalk im Topf. Nun fülle ich den Topf mit dem Kraut, es darf nicht im Wasser liegen.

In der Zeichnung ist beschrieben, wie Topf, Siebeinsatz, Kraut, Auffangglas und die Schüssel für das Kühlwasser zusammengestellt werden. Der Deckelgriff des Topfes darf nicht auf dem Auffangglas aufliegen. Der Griff sollte zudem mit dem Deckel in einem Guss verbunden sein. Auf den umgedrehten Topfdeckel gebe ich kaltes Wasser und darauf eine Schüssel für weiteres Kühlwasser. Den Topf erhitze ich auf dem Herd, bis es leicht kocht oder kurz vor dem Siedepunkt ist. Der Wasserdampf kondensiert am Deckel und tropft als Hydrolat in das Glas. Wenn es zu sehr kocht, entweicht viel Wasserdampf durch den Deckelrand. Es duftet dann gut und man inhaliert nebenbei die ätherischen Pflanzenstoffe. Spätestens, wenn das Wasser in der Kühlschüssel heiß ist, leere ich das Hydrolat in eine saubere Flasche. Auch das Auffangglas ist heiß, man braucht ein griffiges Tuch, Handschuhe oder eine Zange, um das Glas vorsichtig herauszuheben. Das Wasser unten im Topf gieße ich nach, es muss zum Verdampfen immer genug Wasser enthalten sein und darf nicht trocken werden. Das heiße Kühlwasser wird ausgewechselt und kann gut zum Spülen oder Wäschewaschen genutzt werden. Nach zwei bis drei Stunden sind die meisten ätherischen Stoffe aus dem Kraut herausgedampft. Je nachdem, wie dicht der Deckel und wie gut die Kühlung ist, bekommt man 250 bis 500 ml Hydrolat an einem Abend.

Das Hydrolat sollte einige Wochen reifen, dann wird der Duft und Geschmack intensiver. Löwenzahn hat keine ätherischen Öle, der Wasserdampf nimmt andere leicht flüchtige Stoffe aus der Pflanze auf. Man kann das Hydrolat schluckweise trinken oder für die Haut-, Augen- oder Haarpflege verwenden. Am besten verteilt man die Flüssigkeit mit einer Sprühflasche.

Material

- großer Kochtopf
- flaches Auffangglas
- Siebeinsatz
- flache Schüssel, etwas kleiner als der Kochtopf
- Löwenzahn (Kraut, Blüten oder Wurzeln, frisch oder getrocknet)
- (Regen-)Wasser

Das Kraut darf nicht im Wasser liegen. Eine Kühlung auf dem Deckel macht es effektiver.

WINTER

Löwenzahn-Ernte im Winter

Man sollte sich im Herbst merken, wo der Löwenzahn wächst, um ihn im Winter zu finden. Die Blätter werden rot-bräunlich oder verschwinden. Die Wurzeln sind ab November reich an Inulin. Wenn die Wintertage milder sind, findet man noch manchmal kleine Blattrosetten mit frischem Grün oder sogar einzelne Blüten nah am Boden.

Solange der Boden nicht gefroren ist, kann man Löwenzahnwurzeln ausgraben. An sonnigen Stellen unter Bäumen, wenn diese ihre Blätter verloren haben, bekommt der Löwenzahn nun mehr Licht und wächst deshalb dort im Winter besser.

Raureif an Pflanzen sind kleine Wunderwerke.

Wurzeln graben, reinigen und weiterverarbeiten

Die Pfahlwurzeln des Löwenzahns wachsen tief in die Erde. Mit einem Spaten oder einer Grabegabel wird zuerst die Erde rund um die Wurzel gelockert. Die Erde immer wieder mal herausnehmen und dann tiefer graben. Die Wurzel kann über zwei Meter tief in die Erde reichen, sie wird immer verzweigter und dünner. Bricht sie ab, läuft der wertvolle Milchsaft aus. Diesen könnte man bei Warzen oder Pigmentflecken gleich auf die Haut geben, wobei die Haut fleckig werden kann, das wäscht sich jedoch ab.

Das Wurzelngraben empfinde ich als verbindend, man geht der Pflanze auf den Grund. Wahrscheinlich wirkt hier auch ein Elektronenaustausch durch den direkten Kontakt mit der Erde mit den Händen, wie beim Barfußgehen. Das gegrabene Erdloch sollte auf jeden Fall wieder mit Erde geschlossen werden. Der Dank an die Erde und an die Pflanze sollte auch nicht fehlen. Unsere Einstellung und Handlungsweise beeinflussen die Wirkung von allem, was wir tun.

Mitte Januar 2024, eine mutige Löwenzahnblüte.

Um die Wurzeln direkt zu verwenden, wasche ich die Wurzeln zunächst gründlich mit Regenwasser oder im Fluss. Die restliche Erde bürste ich unter Leitungswasser ab. Für Tee schneide ich die Wurzeln in kleine Stücke, für Gemüsegerichte

Wurzeln im Fluss oder mit Regenwasser vorwaschen.

in Streifen. In Wuchsrichtung geschnittene Wurzeln behalten ihren Geschmack besser.

Zum Trocknen lasse ich die erdigen Wurzeln einen Tag auf Papier antrocknen. Die Erde an den Wurzeln kann nun abgeklopft oder abgebürstet werden. Die Wurzel schneide ich dann längs, je nach Dicke der Wurzel ein- bis dreimal durch. Nun fädele ich die Wurzelstücke mit einer dicken Nähnadel und Faden auf. An einem trockenen, eher dunklen Ort kann die Wurzelgirlande dann trocknen. Sie sollte langsam trocknen, deshalb nicht direkt über den Ofen oder die Heizung hängen.

Die Winterwurzeln schätze ich, um meine Zähne zu stärken und kaue diese gerne. Dafür wasche ich kleine Stücke ab und kaue sie möglichst lange. Wie auf Seite 68 beschrieben, soll eine Wurzelkette zudem die Verbindung zur Unterwelt fördern.

Pflanzenbegegnung im Winter

Mein Entschluss, ein Buch über den Löwenzahn zu schreiben, fiel im Januar 2024. Schon Monate zuvor kam mir die Pflanze besonders oft in den Sinn, ich hatte viel Spannendes gelesen. Als ich im Januar über neuere vielversprechende Forschungen ihrer entzündungshemmenden Wirkung und bei Spike-Proteinen gelesen hatte, bin ich gleich hinaus und fand trotz Nachtfrost und Schnee sehr schöne Exemplare unter einem Walnussbaum. Sie schmeckten sehr mild und hatten eine feine, frische Konsistenz. Ein paar Wochen später, Mitte Februar, waren die Wurzeln schon viel bitterer, die Blattrosetten dafür ein ganzes Stück gewachsen und sehr lecker und mild im Geschmack.

Löwenzahn auf Kreta

Löwenzahn ist die Pflanze der Hekate, der griechischen Göttin der Unterwelt. Vielleicht zog es mich deshalb im Winter 2024/2025 nach Kreta. Dort ist der Winter mild. Orangen, Datteln, Zitronen, Granatäpfel, Tomaten, Gurken und Löwenzahn(!) wachsen im Garten meiner Gastgeberin Popi Varitaki.

Bald erfuhr ich, dass Löwenzahn eine beliebte Gemüse-Wildpflanze auf Kreta ist und dort *Radiki* genannt wird. Das landestypische *Chorto* enthält Löwenzahn. Ich bekam es mehrfach als Speisebeilage. In Lebensmittelläden habe ich den Löwenzahn zum Verkauf gesehen. Sogar in Dosen kann man den Löwenzahn als Delikatesse kaufen. Doch am liebsten wird er wild gesammelt. Immer wieder habe ich dort Wildkräuter sammelnde Frauen gesehen.

Salatpflanze Löwenzahn auf Kreta im Garten meiner Gastgeberin.

Auf Klippen tanzen

Kreta war aufgrund seiner Lage umkämpft. Die Insel wurde immer wieder von Piraten aus arabischen und afrikanischen Ländern, später von venezianischen, türkischen und im Zweiten Weltkrieg von deutschen Truppen überfallen und geplündert, Menschen versklavt. Gedenksteine erinnern an Massaker in den Bergdörfern.[212] Frauen tanzten auf Klippen, und Partisanen sprengten sich in die Luft, um Unterdrückung und Versklavung zu entgehen. Im Konzentrationslager der deutschen Nationalsozialisten haben die griechischen Gefangenen gemeinsam beschlossen, lieber den unmittelbaren Tod in Kauf zu nehmen, als dort entmenschlichende Aufgaben zu übernehmen.[213] Diese Einstellung prägt die griechische Kultur. In vielen griechischen Liedern werden diese traumatischen Erlebnisse besungen. 1976 musste die griechische Sängerin MARIZA KOCH beim Eurovision Song Contest aufgrund ihres Liedes über die türkische Invasion auf Zypern eine kugelsichere Weste tragen.[214] Die Gastfreundschaft der Menschen auf Kreta Fremden gegenüber ist vielleicht gerade wegen ihrer Geschichte offen, herzlich und interessiert; Völkerverständigung als Schlüssel für eine friedliche Welt.

Kriege sind aufgrund der Kämpfe im Nahen Osten wieder sehr nah, Kampfjets hörbar. Tausende Menschen kommen über das libysche Meer nach Kreta. Löwenzahn ist in der Literatur Sinnbild für Hoffnung in Kriegszeiten, damit die Menschlichkeit trotz allem bestehen bleibt. Die Welt ist im Umbruch, das Wesen des Löwenzahns kann hier vielleicht wieder unterstützen.

Chorta: Griechisches Löwenzahn-Gemüse

Zutaten
- 500 g Löwenzahnblätter
- 1 l Wasser
- 1 TL Salz
- 1 guter Schuss Olivenöl
- etwas Zitronensaft
- Prise Salz, Pfeffer
- evtl. Knoblauch

In Griechenland, insbesondere auf der Insel Kreta bereitet man aus Wildpflanzen einen »gekochten Salat«. Löwenzahn wird dafür sogar im Garten angebaut. Schmackhafter ist jedoch der wild wachsende, sagte mir meine Gastgeberin Popi Varitaki. Von ihr habe ich dieses traditionelle Rezept, herzlichen Dank. Ähnliche Gerichte mit Löwenzahn gibt es in anderen Ländern wie Italien, Frankreich oder Polen.

Junges Löwenzahnkraut (vor der Blüte) gut waschen. Ist das Kraut sehr bitter oder wenn man es milder mag, in einer Schüssel Wasser mit einer Prise Salz etwa eine halbe Stunde wässern. Dann in einen Topf mit kochendem, leicht gesalzenem Wasser geben und etwa 3 Minuten kochen lassen, bis das Kraut weich ist. Den Löwenzahn dann in einem Sieb abtropfen, etwas kleinschneiden. In eine Schüssel geben und einen kräftigen Schuss Olivenöl darüber geben. Mit Salz, Zitronensaft und Pfeffer und, wer mag, auch mit Knoblauch würzen. Auf Kreta wird das Chorta gern mit frittierten Kartoffeln serviert.
Kali Orexi!

Varianten: Nicht nur Löwenzahn wird für das Chorta verwendet. Verschiedene frische Wildkräuter können in das Gemüsegericht gegeben werden.

Griechische Küche im Winter. Frisch, lecker und gesund.

Löwenzahnwurzel, im Feuer geröstet

Etwas dickere Löwenzahnwurzeln auswählen und mit der anhaftenden Erde direkt in die Glut legen. Etwa alle 5 Minuten mit einer Metallzange oder Ähnlichem wenden. Wenn es anfängt zu duften, entwickeln sich die Röstaromen. Nach etwa 15 Minuten sind sie weich gebacken. Die Erde nun abklopfen und am besten direkt warm essen. Man kann die Wurzeln auch im Backofen rösten. Dafür vorher gut waschen und mit einer Bürste säubern, sodass die Erde entfernt ist. Je nach Dicke der Wurzeln dauert es 30 bis 50 Minuten bei 180 Grad, bis sie weich sind.

Die gerösteten Wurzeln schmecken ähnlich wie die eng mit dem Löwenzahn verwandte Schwarzwurzel *(Scorzonera)*. Wer Schwarzwurzel wegen des Inulins nicht gut verträgt, könnte auch bei zu viel Löwenzahnwurzel Blähungen bekommen.

Löwenzahnwurzeln direkt auf die Glut legen oder in einer Pfanne rösten.

Löwenzahnwurzel-Pfanne oder Chips

Dicke Löwenzahnwurzeln in längliche Stücke schneiden und in der Pfanne rösten. Schneidet man dickere Wurzeln in Scheiben, kann man Chips herstellen. Je nach Geschmack etwas Olivenöl und Salz oder Kräuter hinzugeben oder mit Kartoffeln und anderem Gemüse rösten.

Zutaten

- Löwenzahnwurzeln
- Gewürze nach Geschmack
- etwas Olivenöl
- weiteres Gemüse wie Kartoffeln, Paprika

Löwenzahnwurzeln mit Gomasio

Zutaten
- gewaschene Löwenzahnwurzeln
- Butterschmalz oder Pflanzenöl
- Gemüsebrühe

Zutaten Brennnessel-Gomasio
- 100 g Sesam
- 1 TL Salz
- 2 EL Brennnesselsamen

Die Wurzeln gut waschen und von Erde befreien. Längs aufschneiden und in mundgerechte Stücke teilen. Mit Butterschmalz oder Pflanzenöl in der Pfanne ein wenig anrösten. Dann mit etwas Gemüsebrühe ablöschen. Wer mag, kann noch mit Sojasoße abschmecken, Gomasio darüberstreuen und als Beilage zu Kartoffeln oder Getreidegerichten essen.

Für das Brennnessel-Gomasio

Die Sesamsamen für etwa acht Stunden in Wasser einweichen und dann gut abtropfen lassen. Dann das Salz in einer Pfanne kurz rösten, es wird dann leicht gräulich. Vom Herd nehmen und in eine Schüssel geben. Nun die Sesamkörner in der Pfanne ohne Öl langsam rösten, bis sie eine leicht bräunliche Farbe bekommen, sie dürfen nicht zu dunkel werden, sonst werden sie bitter. Mit dem Salz in der Schüssel vermischen. Dann die Brennnesselsamen in der Pfanne anrösten und auch in die Schüssel geben. Das Gemisch in einem Mörser ein wenig zermahlen, es soll kein Mus werden. In ein Glas füllen und kühl stellen. So hält es einige Monate und kann als Würze für viele Speisen dienen.

Löwenzahnwurzel-Sud

Zutaten
- 2 größere Löwenzahnwurzeln, etwa 50 g
- 500 ml Wasser

Die Wurzeln gut waschen. Dann in kleine Stücke schneiden, in ein Glasgefäß geben. Das Wasser aufgießen und einige Stunden oder über Nacht ziehen lassen. Alles in einem Kochtopf 20 bis 30 Minuten köcheln lassen und durch ein Tuch abseihen.

Der Sud kann als stärkendes Mittel, warm oder kalt, als Kur in kleinen Mengen über den Tag hinweg eingenommen werden. In der Traditionellen Chinesischen Medizin wird der Sud bei Milchstau, Brustentzündung und zur Förderung des Milchflusses empfohlen.[215]

Löwenzahnwurzel-Pulver

Die getrockneten Wurzeln (siehe Seite 148) in einem Mixer oder einer Mühle fein pulverisieren. Das Pulver kann für Tee oder als leicht bitteres Würzmittel in Suppen, Brot oder Gemüsegerichten verwendet werden. Auch für die Zahnpflege oder als Zusatz für ein besonderes Bad kann es stärkend wirken oder emotionale Blockaden lösen.

Löwenzahn-Tinktur

Die Wurzeln für eine Tinktur am besten im späten Winter, Ende Januar, Anfang Februar ernten. Die Pflanze gut mit Wasser reinigen und von Erde befreien. Für eine Urtinktur etwa 50 bis 100 Gramm frische Wurzel kleinschneiden. Alternativ kann man auch die Wurzel zusammen mit dem frischen Kraut verwenden oder auch getrocknete Wurzeln.

Den Alkohol in ein Glas füllen. Die Pflanzenteile hineingeben, sie sollen komplett von der Flüssigkeit bedeckt sein, dafür die Pflanzenteile herunterdrücken. Eher dunkel, mindestens sechs Wochen bei Zimmertemperatur stehen lassen. Möglichst mehrmals täglich schütteln. Dann absieben und in dunkle Flaschen füllen. Beim Material der Behälter darauf achten, dass der Kunststoff des Deckels nicht vom Alkohol zersetzt wird. Glaspfropfen, Korken oder Schraubdeckel, die mit Folie ausgekleidet werden, eignen sich gut.

Etwa zehn Tropfen vor dem Essen zur Verdauungsförderung einnehmen. Zur allgemeinen Stärkung werden dreimal täglich zehn Tropfen empfohlen.

Zutaten Tinktur

- 50 bis 100 g Wurzeln
- 500 ml guter 40 bis 60%iger Alkohol

Löwenzahnwurzeln für Gemüsegerichte für einen besseren Geschmack am besten in Wuchsrichtung kleinschneiden. Für Kaffee, Tinkturen oder Pulver auch in Querrichtung.

Löwenzahnwurzel-Kaffee

Löwenzahnwurzeln werden im späten Herbst oder im Winter für den Röstkaffee ausgegraben. Die noch frischen Blätter abschneiden und zum Beispiel für Salat verwenden. Die Erde an den Wurzeln mit Wasser abbürsten. Dann in möglichst gleichmäßige Stücke schneiden. Im Ofen oder auf einer Heizung bei etwa 40 Grad trocknen. Diese getrockneten Stücke kann man mindestens ein halbes Jahr aufbewahren.

Vor dem Aufbrühen des Kaffees die Löwenzahnstücke in einer gusseisernen Pfanne oder im Backofen rösten. Im Backofen dauert es bei 150 bis 180 °C etwa 30 Minuten. Das Inulin zerfällt zu Fructose und diese karamellisiert daraufhin. Nun bilden sich die Röstaromen und es duftet. Wie lange, wie heiß und wie gleichmäßig geröstet wird, hat großen Einfluss auf den Geschmack. Je dunkler, desto kräftiger schmeckt der Kaffee, heller geröstet, schmeckt er milder. Nun werden die Stücke in einer Kaffeemühle oder einem Mixer gemahlen. Das Pulver in einen kleinen Topf geben und aufkochen lassen. Dann noch einige Minuten ziehen lassen.

Variante: Die Wurzeln sollten auf jeden Fall frisch geröstet werden. Man kann die Wurzeln auch zuerst vermahlen und das Pulver in einem Topf anrösten. Dann muss man aber aufpassen, dass es nicht verbrennt. Wenn das Pulver braun geworden ist und duftet, kann man direkt das Wasser dazugeben. Einmal aufkochen lassen, etwa 5 Minuten ziehen lassen und dann den Kaffee genießen.

Für eine Tasse Löwenzahn-Kaffee benötigt man etwa einen Teelöffel Pulver. Sehr gut schmeckt der Kaffee mit aufgeschäumter (Hafer-)Milch, gewürzt mit Zimt, Kardamom und Honig. Löwenzahn-Kaffee stärkt und belebt, ohne aufzuputschen.

Löwenzahn-Kaffee gibt es im Bioladen zu kaufen. Er ist vakuumverschlossen und sollte nach dem Öffnen schnell verwendet werden, da er an der Luft oxidiert, sich der Geschmack verändert und der Kaffee bitterer wird.

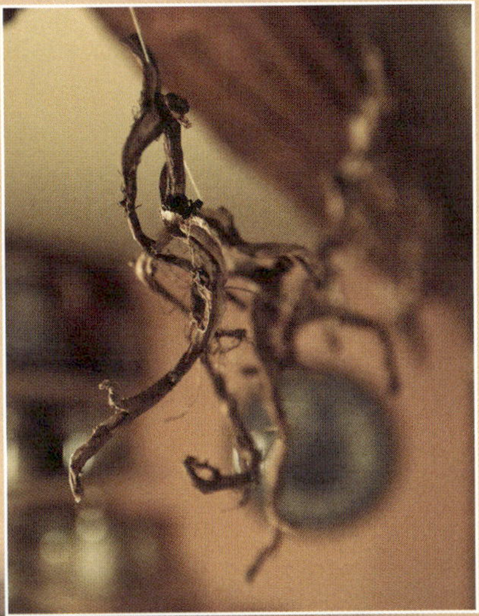

Löwenzahnwurzeln an einem luftigen, warmen Ort trocknen.

OBJEKTE AUS LÖWENZAHN-BAST

Vom Stängel zur Bastfaser

Objekte aus Löwenzahn sind vergänglich, haben aber eine besondere Ausstrahlung. Die Stängel sind so glatt, dass sie sich sogar im trockenen Zustand feucht anfühlen. Motten hatten meine Objekte, die ich in dunklen Boxen verstaut hatte, zerfressen. Luftig gelagerte Stängel blieben heil.

Um die Stängel zu Kordeln drehen zu können oder zum Weben oder Flechten zu verwenden, gibt es Einiges zu beachten. Aus den frischen Stängeln kann man kaum eine Kordel drehen, die Kordel wird brüchig, wenn sie trocknet, auch während des Drehens bricht sie. Trockene Stängel brechen ebenso beim Drehen. Trocknet man die langen Stängel der Pusteblume, weicht diese dann etwa 30 Minuten in (Regen-)Wasser ein, werden sie geschmeidig und können zu Kordeln oder Flechtarbeiten verwendet werden. Erntezeitpunkt und die Art des Löwenzahns spielen eine Rolle, wie biegsam die Stängel sind.

Stängel bis zu 70 cm Länge gab es im Jahr 2024 in einem regenreichen Frühjahr.

Ernten der Stängel

Nach der Blüte verwandelt sich der Löwenzahn zur Pusteblume. Der Stängel wächst dann noch einige Zentimeter weiter. Er wird dann zäher und weniger brüchig. Wenn die Pusteblume ihre Samen dem Wind übergeben hat, ernte ich die Stängel für die Handarbeiten. Sie wachsen dann nicht mehr, knicken bald ab und verrotten am Boden. In Wiesen mit hohem Gras, an eher feuchten Standorten oder wenn es viel geregnet hat, werden die Stängel am höchsten.

Die Stängel möglichst knapp an der Rosette mit den Fingern abknipsen. Den abgeblühten Blütenkopf lasse ich für manche Flechtarbeiten dran. Die Stängel nicht knicken, sie können sonst brechen oder werden braun.

Nun die Stängel auf einem Tuch oder Papier vorsichtig ausbreiten und in der Sonne oder an einem geschützten, warmen Ort trocknen. Das Trocknen kann einige Tage dauern.

Die Stängel vorsichtig trocknen und nicht knicken.

Weben mit Löwenzahn

Aus getrockneten Löwenzahnstängeln kann man kleine Objekte weben. Für Taschen oder Kleidung eignen sie sich nicht, da das Webmaterial nicht reißfest ist. Die Löwenzahn-Bastfasern sind glatt und glänzend und schimmern in verschiedenen Farben.

Stängel vorbereiten

Man nimmt möglichst lange Stängel der Pusteblume. Diese sind besonders haltbar. Manche kann man gut teilen, dann trocknen sie schneller und man kann feinere Objekte damit weben. Dann wie vorher beschrieben trocknen. Vor dem Verweben einige Minuten in ein feuchtes Tuch einschlagen oder immer wieder mal mit Wasser einsprühen.

Auch meine Bastmatte wurde von Motten angefressen. Sie lag in einer dunklen Schachtel.

Eine Matte oder andere Objekte weben

Für eine rechteckige Matte nehme ich eine Pappe und schneide auf einer Seite und deren gegenüberliegende Seite Kerben, um die Bastfasern aufzuziehen. Man kann die Stängel dann mit Klebeband fixieren. Hat man die Stängel aufgezogen, kann man die Querfasern einweben, hilfreich ist eine Holznadel. Immer im Wechsel rauf und runter einweben.

Für eine Flaschenummantelung nimmt man zuerst eine runde Pappscheibe, in die man eine ungerade Anzahl an Kerben schneidet und möglichst lange Stängel mittig darüberlegt. Mit der Hälfte eines Stängels wird dann von der Mitte aus losgewebt. Ist die Pappscheibe umwebt, wird sie abgenommen und weiter an der Flasche entlang gewebt. Die Enden werden zum Schluss nach innen eingewebt.

Für ein Etui wird eine Pappe von beiden Seiten rundherum umwoben, so muss man nichts zusammennähen. Die Fäden werden zum Schluss wieder nach innen eingewebt.

Kordel drehen

Die Bastfasern mindestens zehn Minuten in ein feuchtes Geschirr- oder Leinentuch einschlagen. In meinem Brennnessel-Buch ist das Kordeldrehen anhand von Fotos beschrieben, deutlicher wird es eventuell mit diesen Zeichnungen. Man findet auch einige Videos dazu im Internet. Es sind nur zwei Handbewegungen, insbesondere die Drehrichtung muss eingehalten werden. Vom Prinzip her ist das Kordeldrehen ein Spinn- und Zwirnvorgang. Zwei Faserstränge werden in die gleiche Richtung gedreht und miteinander verzwirnt.

① Mit rechtem Daumen und Zeigefinger Strang etwa zwei Mal nach hinten drehen.

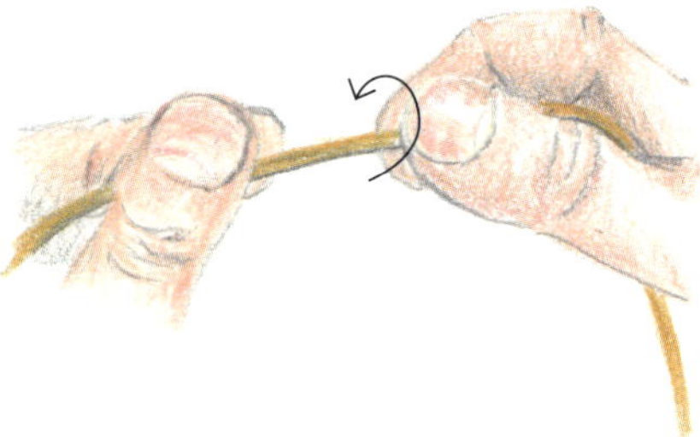

② Daumen zusammenführen, sodass sich eine Schlaufe bildet, diese weiter zudrehen.

③ Schlaufe zwischen Daumen und Zeigefinger der linken Hand nehmen und den oberen Strang nach hinten drehen.

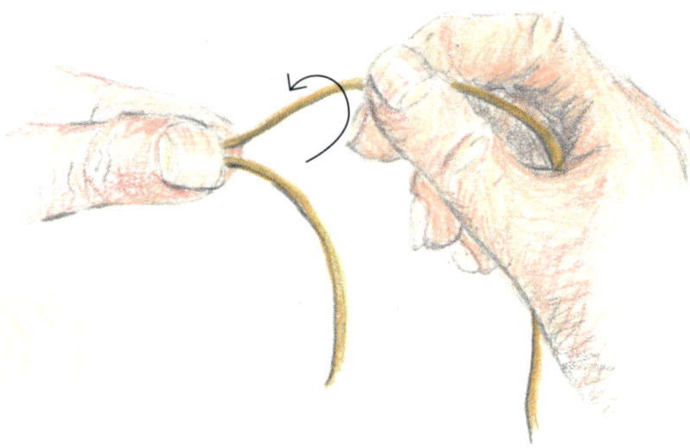

④ Mit dem Mittelfinger den unteren Strang greifen.

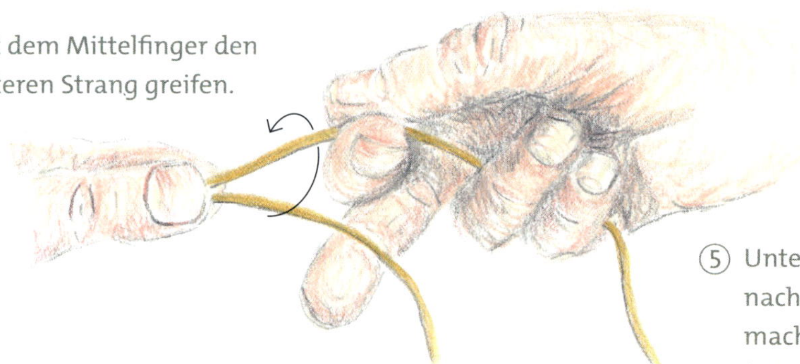

⑤ Unteren Strang von hinten herum nach oben legen. Immer so weiter machen, sodass sich die Stränge ineinander verzwirnen.

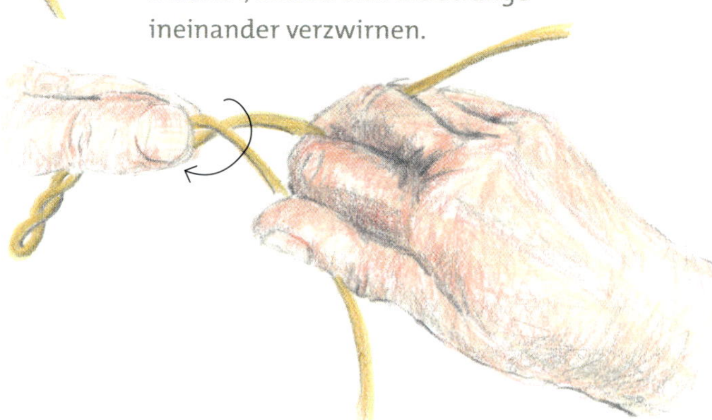

⑥ Kordel verlängern, indem neue Stränge gleichmäßig angelegt werden.

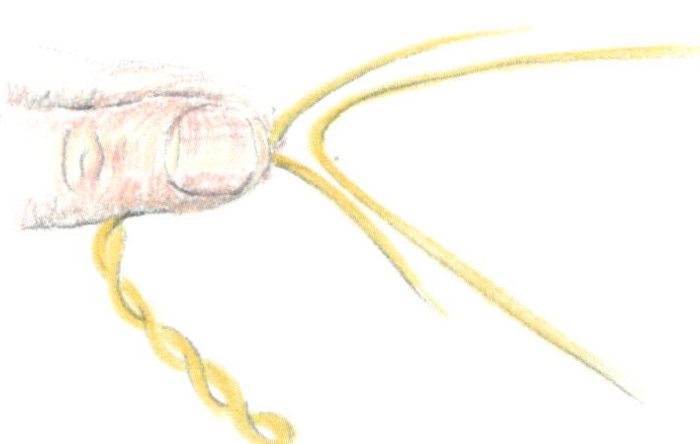

Beim Ansetzen eines neuen Stranges sollte man darauf achten, dass sich diese wenigstens vier Zentimeter überlappen, da die Löwenzahnstängel rutschig sind. Zum Ansetzen wird die dünnere Seite des Stängels über beide Stängel an Daumen und Zeigefinger der linken Hand gelegt und mit eingedreht. Damit die Kordel gleichmäßig wird, kann man die Stängel teilen. Die dünneren Streifen kann man so ansetzen, dass die Dicke der Stränge nicht zu sehr schwankt.

Löwenzahnkordeln sind nicht besonders reißfest. Als Armband oder Geschenkband sind die goldschimmernden Kordeln schön.

Vergänglicher »Gold«-Schmuck.

Schlingtechnik für ein Armband

Diese Schlingtechnik gleicht einem Strickmuster und ist ebenso flexibel, sodass es sich als Armband eignet. Man kann es gut ab- und überziehen. In der Sonne glänzt es golden, fühlt sich eher kühlend an. Das Armband sollte man beim Baden, Spülen und auch sonst abnehmen, da es sonst schnell auseinander fallen könnte. Auch sollte man es hell und luftig lagern, damit es nicht von Motten zerfressen wird.

Außer den Pflanzenfasern oder wie hier dem Löwenzahn-Bast braucht man eine Papprolle etwa in der Dicke des Armes und eine dicke Nadel aus Holz oder Knochen. Diese kann man selbst schnitzen, indem man in ein längliches, flaches Holzstück ein Loch bohrt und die Nadel zurecht schnitzt. Ansonsten kann man Nadelbindenadeln auf Mittelaltermärkten finden. In Handarbeitsläden gibt es manchmal dicke Stopfnadeln aus Holz, die sich auch eignen.

Zuerst legt man eine Kordel (rot gezeichnet) um die Rolle und bindet eine Schleife. Eine weitere Kordel, die möglichst gleichmäßig und etwa einen Meter lang gedreht wurde, wird mit einem Knoten fest eingebunden. Nun beginnt man an der ersten Kordel, um die Rolle zu schlingen, wie es auf der Zeichnung zu sehen ist. Ab der zweiten Reihe schlingt man mit der Nadel jeweils um die Masche der vorherigen Reihe und bildet eine neue Masche. Die Maschen so ziehen, dass sie einen gleichmäßigen Abstand haben. Ist die Kordel aufgebraucht, wird wieder angesetzt und weitergeschlungen. Hat man die gewünschte Breite, wird das Armband abgenommen und das Ende der Kordel verknotet. Nun öffnet man die Schleife der Anfangskordel und legt sich das Armband um. Die Schleife wird dann wieder in Armbreite geschlossen.

Mit der Nadel hinter die Maschen schlingen.

Brigids Kreuz aus Löwenzahn-Bast

Der 1. oder auch 2. Februar wird in verschiedenen Kulturen gefeiert. Als *Imbolc* oder *Lichtmess* ist dieser Tag der heiligen Brigid in den alten nordischen Kulturen zugeordnet. Die Wiederkehr des Lichtes, die erwachende Natur wird bei diesem Jahreskreisfest gefeiert. Das Kreuz der Brigid ist ein Schutzsymbol und wird kurz vor diesem Tag oder an diesem Tag geflochten und über den Hauseingang gehängt. Es kann vierarmig sein aber auch dreiarmige Kreuze gibt es.

Mit getrockneten und in Wasser wieder geschmeidig eingeweichten Stängeln kann man diese Kreuze gut binden. Dazu nehme ich die Stängel vom Vorjahr. Zunächst werden die Stängel in der Mitte geknickt und der 1. in den 2. gesteckt. Der 3. Stängel wird um den 1. geschlungen und der 4. dann um den 3. und durch die Schlaufe des 2. Stängels. Nun hat man das erste Viereck geflochten und zieht es vorsichtig zusammen. Für die nächsten Reihen werden weitere Stängel so eingeflochten, dass sie sich gegenseitig halten. Den ersten Stängel jeder neuen Reihe lässt man dafür etwas vorstehen, damit der letzte Stängel der Reihe zum Schluss hindurchgezogen werden kann. Wichtig ist, dass immer in die gleiche Richtung gewoben wird. Nach jeder Reihe wird das Kreuz vorsichtig zusammengezogen. Hat man die gewünschte Größe, werden die Halme gleichmäßig an den Enden mit einem Faden zusammengebunden und abgeschnitten.

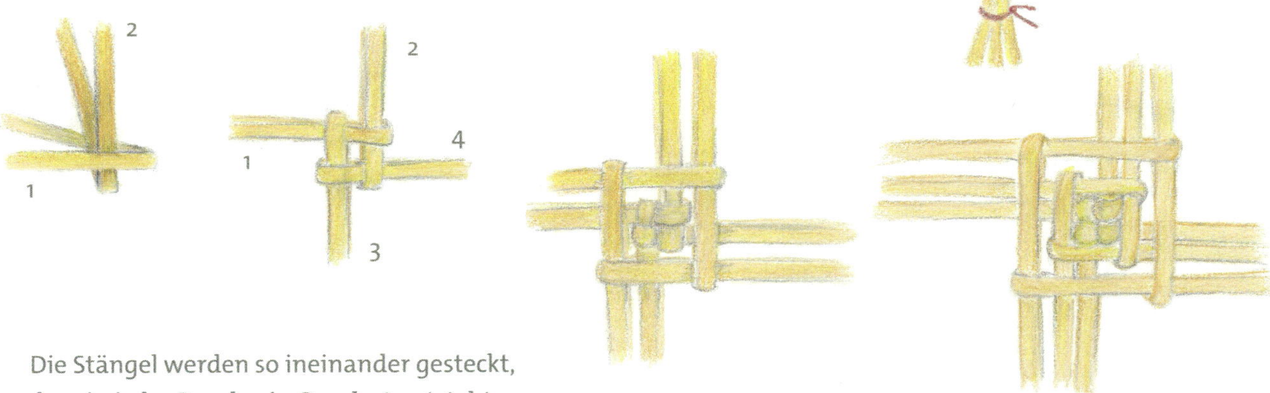

Die Stängel werden so ineinander gesteckt, dass in jeder Runde ein Quadrat entsteht.

Lesezeichen in verschiedenen Flechttechniken.

Flechten mit Löwenzahn

Zum Flechten sind die vorbereiteten Stängel gut geeignet. Armbänder, kleine Körbchen oder Hüllen bis zu Hüten kann man daraus machen. Es gibt verschiedenste einfache und sehr komplexe Flechtmuster. Mit vier Strängen ergibt sich ein schmales Band. Um ein Band zu flechten, das dann für einen Hut oder für einen Korb vernäht werden soll, braucht man 6 bis 8 Stränge. Das Ansetzen eines neuen Stängels ist beim Löwenzahn nicht so einfach. Zu Beginn sollte man darauf achten, dass man die Stränge so legt, dass sie alle unterschiedlich lang sind, damit die Ansätze nicht alle an der gleichen Stelle erfolgen müssen. Man sollte sich die Stränge immer gut zurechtlegen, damit man immer erkennen kann, wie der Strang gelegt werden muss. Lässt man sie ein wenig überstehen, ist es einfacher. Zum Schluss kann man den Überstand entweder abschneiden oder einweben.

Um das Flechtband zu verbreitern, werden weitere Stängel eingezogen. Ist es breit genug, werden die äußeren Stränge nach innen eingeflochten.

MEHR KREATIVE IDEEN MIT LÖWENZAHN

Mandalas, die strahlenden Sonnen

Symbolik

Kreis, Punkt → Transzendenz
Quadrat, Kreuz → Stabilität

Gelb → Himmel, Licht
Blau → Wasser, Tiefe
Grün → Wasser + Licht, Leben
Rot → Blut, Liebe
Weiß → Nichts + Alles

1 → Einssein
2 → Polarität
3 → Ganzheit, Himmel
4 → Ratio, Erde
5 → Sinnlichkeit
6 → Polarität und Ganzheit
7 → Vollendung
8 → Unendlichkeit
9 → Geburt
10 → Ordnung
12 → Vollkommenheit, Himmel und Erde[216]

Die Bedeutung und Wirkung von Mandalas ist mir durch das Buch von Pater Johannes Pausch vom Europakloster Gut Aich klarer geworden. Mandalas als Ausdruck der Liebe, heilsame Bilder.[217] Steiner beschreibt wahre Liebe als schöpferische Taten, ohne Erwartungen an einen Ausgleich dafür. Liebe ist die Grundlage unserer Existenz auf Erden. Das Licht wird erkennbar durch die Dunkelheit, und durch die dadurch gewonnene Weisheit über die Bedeutung der Liebe wird der Mensch frei.[218]

Buddhistische Mönche kreieren aufwendige, wunderschöne Mandalas aus Sand, die bald wieder zerfallen, nicht für kommerzielle Zwecke oder Bewunderung, sondern als Liebeshandlung. Sie dienen dem Aufbau einer Beziehung zur Welt mithilfe der Intuition und dem Wissen über die Wirkweise.[219]

Jede Zeichnung, jedes Mandala oder kreatives Werk beinhaltet einen Anfang und ein Ende, ein Transformationsprozess. Trauer und Hoffnung, Schmerz und Freude, Krieg und Frieden liegen nah beieinander, es sind jeweils zwei Pole, Yin und Yang, sie gehören zusammen. Es ist das sich ständig wandelnde Leben, das *Jetzt*. Viele geben sich der Illusion hin, etwas Neues zu tun, ohne vorher wirklich frei dafür zu sein. Wiederholungen von immer ähnlichen, vertrauten Mustern bringen keine wirkliche Veränderung. Transformation ist nur möglich, wenn das alte Denken entweder bewusst abgeschaltet wird oder schicksalhaft durch unbekanntes Terrain, ungeplante Wege, neue Begegnungen möglich wird. Auch die Reduktion von Besitz, Essen, Sprechen und Denken führt zu Klarheit und Offenheit.

Die Reduktion der Form in Mandalas hilft, einer Sache klarer auf den Grund zu gehen. Das Wort Symbol stammt aus dem Griechischen und wird mit *Erkennungszeichen* und *Zusammenbringen* übersetzt. Irdische und transzendente Erfahrungen werden zusammengebracht und dargestellt.[220]

Von Gott inspiriertes Handeln und Erkennen zulassen, ist Voraussetzung für Neues, schreibt Pater Johannes. Da hilft keine Mühe, kein Abrackern, sondern man muss offen, leer sein für die Informationen, die als Geschenke empfangen werden.

Hildegard von Bingen hatte die Fähigkeit, Wissen, Wahrnehmung und Inspiration in ihre Pflanzenheilmittel einfließen zu lassen. Sie erkannte die Archetypen der Pflanzen, ihre Botschaften und somit die Wirkweisen.[221]

Die Zeichnungen von Emma Kunz (siehe Seite 80) sind in diesem Zusammenhang auch zu nennen. Ihre meist aus Pendelbewegungen entstandenen geometrischen Zeichnungen dienten heilerischen Zwecken.

Nach den vielen Informationen über Mandala, Schwingung und Symbolkraft wollte ich selbst ein Mandala kreieren. Die lange Beschäftigung mit der Pflanze diente mir als Inspiration, ihr Wesen zu erfassen. Mandalas werden nicht konstruiert. Ihre Individualität und Einzigartigkeit kommen durch die freie Hand.

Löwenzahnsymbol: Licht ins Dunkel, von Pater Johannes Pausch, Europakloster Gut Aich.

Schwung des Wachstums von innen heraus, symbolisch in meinem Mandala dargestellt.

Der Hintergrund auf dieser Seite ist mit Löwenzahnblüten eingefärbt.

Aus vielen Pflanzen kann man einfache Aquarellfarben herstellen und direkt vermalen.

Malen mit Löwenzahn

Blütenpinsel: Mit den gelben Blütenköpfchen kann man direkt auf einem Papier malen. Dafür werden die Blüten auf ein Papier gedrückt, sodass sich die Zellen öffnen und der gelbe Pflanzenfarbstoff in das Papier eindringt. Man kann damit gelb leuchtende, schimmernde Flächen kreieren, oder Löwenzahnblüten malen. Nimmt man die Pusteblumen und bindet die Flugschirmchen zusammen, erhält man einen flauschigen Pinsel. Man kann auch die aufgespießten Pusteblumen, die sich nicht ganz geöffnet haben, als Pinsel verwenden.

Wasserfarbe: Für eine Malfarbe werden die Blütenbätter vom grünen Blütenkopf abgetrennt. Die Blüten werden im Mörser zerstoßen, sodass der Blütensaft austritt. Gibt man eine Prise Natron hinzu, wird das Gelb leuchtender. Dann wird noch ein wenig weiches Wasser (Regenwasser oder destilliertes Wasser) dazugegeben und die Farbflüssigkeit durch ein Tuch ausgedrückt. Damit kann direkt gemalt werden.

Oder man nimmt eine Schüssel abgezupfter Blütenblätter und kocht diese zehn Minuten aus. Auch hier etwas Natron hinzufügen. Der Sud wird durch ein Tuch gedrückt. Je weniger Wasser man nimmt, desto intensiver wird die Farbflüssigkeit. Dieser Pflanzensaft ist Grundlage, um daraus Farben mit Bindemitteln herzustellen.

Bindemittel für Farbe

Spucke als Bindemittel: Das einfachste, ursprünglichste Bindemittel für Farben ist Spucke. Es wird vermutet, dass ein Großteil der Höhlenmalerei mit in Spucke gebundenen Farben gemalt wurde. Spucke enthält nützliche Enzyme und ist dickflüssiger als Wasser. Fein gemörserte Farbpigmente werden mit Spucke verrührt oder besser vermörsert. Im Buch *Malwerkstatt Natur* von Nick Neddo sind viele ursprüngliche Techniken, um Zeichen- und Malmittel herzustellen, beschrieben.

Gummi arabicum oder Hautleim: Gummi arabicum ist ein farbloses Harz einer Akazienart, die in Afrika wächst. Selbst herstellen kann man Hautleim, der aus Tierhäuten, Hörnern, Sehnen oder Hufen gewonnen wird. Die Herstellung ist etwas aufwendig. In Künstlerbedarfsläden kann man beide Bindemittel kaufen. Harz oder Leim müssen durch Erhitzen aufgelöst werden und können in die wässrige Farblösung verrührt werden. Bindemittel verbessern die Haftung auf dem Untergrund und auch die Haltbarkeit der Farben.

Kreidestifte

Stifte für die Tafel, den Boden oder für die Pastellmalerei kann man selbst herstellen. Gekaufte, minderwertige Gipskreiden enthalten manchmal schädliche Zusatzstoffe.

Indem man pulverisierten Ton, Modelliergips oder Kreide mit Farbpigmenten, Wasser und wenig Bindemittel in Formen trocknet, erhält man Stifte für Tafel, Asphalt oder raues Papier. Der wässrige Farbsud des Löwenzahns kann ebenso verwendet werden. Als Gussform kann man Papprollen oder zum Beispiel die hohlen Pflanzenstängel des Japanischen Knöterichs verwenden, oder bei einer festeren Masse den Teig in Form kneten und in Papier wickeln.

Für eine einfache Gipskreide gibt man zu 100 Milliliter intensivem Farbsud drei Esslöffel Gips in eine Schüssel, verrührt es und gießt es in die Form. Es muss mehrere Tage durchtrocknen. In früheren Zeiten haben Künstler ihre hochwertigen Farben mit Naturmaterial selbst hergestellt, und auch heute noch kann man im Buch von Doerner die Anleitungen dafür nachlesen und nachmachen.[222]

Meine Kreide habe ich mit Champagnerkreide und etwa zwei Prozent Gummi arabicum gemacht. Das Gummipulver habe ich zunächst im Farbsud aufgelöst und dann alles mit der Kreide verrührt. Das habe ich am Ofen etwas trocknen lassen und noch einmal Farbflüssigkeit zugegeben, damit es gelber wird. Nun wieder trocknen lassen, bis es knetbar war. Diese Masse habe ich zu Stiften geformt, in Papier gewickelt und in der Sonne getrocknet. Die Stifte sind eher fest, gut zum Schreiben und auch von der Tafel gut abwaschbar und leicht gelb.

Meine Färbeergebnisse mit Alaun vorgebeizt, das Olivgrün mit Eisenbeize nachgefärbt.

Färbeergebnisse von Katja Plank, oben mit Wurzel, davor die leuchtendere Wolle, mit Löwenzahnblüten gefärbt.

Wolle mit Löwenzahnblüten färben

Man benötigt für 25 g Wolle oder Textil etwa 100 g Löwenzahnblüten, 15 g Alaun zum Vorbeizen, 4 bis 5 Liter Regenwasser.
Vorbeize: Zwei Liter Wasser mit dem Alaun aufkochen. Das Färbegut hineingeben und etwa eine Stunde köcheln lassen. Die Wolle generell nicht rühren, aber immer wieder etwas herunterdrücken, nicht zu viel bewegen, damit sie nicht verfilzt. Das Textil im Alaunwasser abkühlen lassen, dann herausnehmen und gut ausspülen.
Färben: Blüten und Wolle mit drei Litern Wasser etwa 30 Minuten kochen. Es entsteht ein leuchtendes Gelb. Die Wolle noch über Nacht in der Farbflotte liegen lassen und dann mit viel Regenwasser ausspülen.

Will man ein dunkles Grün erreichen, wird die Farbflotte aufgefangen und abgesiebt, sodass die Blüten nicht mehr darin schwimmen. Man kann die Blüten vorher in einen durchlässigen Wäschebeutel geben, damit man diese nachher nicht aus der Wolle zupfen muss. Dann kommt etwa 100 Milliliter Eisenbeize (Rostwasser) in die Farbflotte und dann die gelb gefärbte Wolle. Die Eisenbeize kann man einfach herstellen. Dazu werden ein paar rostige Nägel oder andere rostige Eisenstücke mit einem Teil Essig und zwei Teilen Wasser in ein Glas gefüllt. Nach ein paar Tagen färbt sich das Wasser braun und kann verwendet werden.

Die Farbflotte wird auf etwa 70 Grad erwärmt. Die Wolle wird dann immer wieder mal in die Luft gehoben. Den Herd abschalten und unter gelegentlichem leichtem Bewegen die Farbe einen Tag lang in die Wolle einziehen lassen. So verwandelt sich die Farbe nach und nach zu einem dunklen Grün. Ein Schuss Essig macht die Farbe etwas stärker. Dann das Färbegut herausnehmen und gut mit klarem Wasser ausspülen. Dieses Rezept ist ähnlich bei Inés Hermann und Katrin Plank veröffentlicht, danke für die Inspiration dafür.[223]

Auch mit den Blättern und Wurzeln des Löwenzahns lässt sich Wolle färben.[224]

Löwenzahnmotiv: Freies Sticken

Sticken wie Malen, nicht nach Vorlage oder vorgegebenen Stickmustern, sondern frei. Mit einem einfachen Rückstich kann man loslegen, will man verschiedene Strukturen darstellen kann man Stiche kombinieren. Schlingstich, Plattstich, Knötchenstich und Sternstich habe ich beim Löwenzahn eingesetzt. Ein Stickrahmen ist sehr hilfreich, um den Stoff einzuspannen. Mein grober Brennnesselstoff aus Nepal eignet sich gut zum Sticken. Auf feineren Stoffen kann man detaillierter sticken. Kleidung, Taschen, Kissen oder Tücher werden durch eine Stickerei aufgewertet, zu persönlichen Einzelstücken. Auch kann man Flecken oder Löcher damit abdecken.

Löwenzahn gehäkelt

Löwenzahnblüten sehen einem *Bommel* ähnlich und können aus gelber Wolle gemacht werden. Die Blätter habe ich gehäkelt. Da die Löwenzahnblätter unregelmäßig sind, habe ich zuerst Luftmaschen für die mittlere Ader gehäkelt und dann mit festen Maschen die Form des Blattes in freien Formen angehäkelt.

Pusteblumen-Kunst

Ungeöffnete Pusteblumen auffädeln oder anknoten.

Dieses Mobile hält schon seit Monaten sogar im leichten Wind.

Der Samenstand des Löwenzahns, die Pusteblume, fällt normalerweise schnell bei Wind oder durch Bewegung auseinander. Wenn sich die gelbe Blüte zum letzten Mal geschlossen hat, verwandelt sie sich, und man sieht oben ein gelbes Blütenkrönchen liegen, das dann später herunterfällt. Das ist der richtige Zeitpunkt, den Blütenkopf abzutrennen. An einem trockenen, warmen Ort öffnet sich die Pusteblume dann. Die reifen Samen sind dann fester als normalerweise am Blütenkopf angewachsen. Sie fliegen nicht davon.

Spießt man sie auf und stellt oder hängt sie auf, öffnen sie sich in runder Form, liegend öffnen sie sich halbrund. Die Haltbarkeit kann sehr unterschiedlich sein. Manche Girlanden halten über viele Jahre, manche Samenkugeln verlieren ein paar Samen oder lösen sich ganz auf, wenn sie bewegt werden.

Girlande, Mobile und Arrangements

Die noch geschlossenen Blütenköpfe werden mit einem Zahnstocher durch den Stängel hindurch aufgespießt und an eine Schnur gebunden oder mit einer Nadel in einem Abstand von fünf bis zehn Zentimetern an einer Schnur aufgereiht. Man hängt diese dann am besten direkt dort auf, wo man sie haben möchte, sie öffnen sich nach ein bis zwei Tagen. Es kann sein, dass manche doch nach einer Weile einige Flugschirme verlieren, oder auch, dass manche Köpfchen sich nur halb öffnen. Man kann diese dann auswechseln.

Bindet man einzelne, ungeöffnete Pusteblumen in Weidenringe, entsteht ein schönes Mobile für das Fenster. Mit den aufgespießten Pusteblumen kann man viele weitere Kunstwerke gestalten, ganze Teppiche oder Wandbehänge. Man kann üppige Sträuße mit den Pusteblumen kreieren oder, ganz reduziert, wenige Pflanzenteile wirken lassen.

Ikebana ist die aus dem Buddhismus stammende Kunst des Blumensteckens und in Japan sehr beliebt. Wörtlich übersetzt bedeutet Ikebana »lebende Blume«. Das Stecken dieser mini-

malistischen, vergänglichen Arrangements soll den Menschen mit dem Himmel vereinen. Beim Arrangieren der Pflanzenteile werden drei Hauptlinien gesteckt. Die höchste Hauptlinie (Shin) spiegelt die Seele aller Elemente im Leben wider. Hier passt die Pusteblume. Die mittlere Linie (Soe), ist etwa halb so hoch und steht für die Lebendigkeit von Dingen, beim Löwenzahn die gelbe Blüte. Die kürzeste Linie (Tai) steht für die Form, die die Dinge annehmen, die junge Knospe des Löwenzahns. Es können auch noch weitere Pflanzenteile hinzugesteckt werden, aber es sollten die einzelnen Formen sichtbar bleiben. Wichtig ist auch, ein passendes flaches Gefäß zu wählen, in etwa die Breite der mittleren Linie.

Das Ikebana-Arrangement mit Löwenzahn sieht auch vertrocknet schön aus. Die Pusteblume hat sich geöffnet.

Im Ikebana-Arrangement, ist die Seele der Pflanze, die Lebendigkeit und die werdende Form deutlich. Die Stängel sind auf Drähte gezogen, eingebogen und mit Steinen befestigt.

Pusteblumen-Bilder und -Kränze

Ein dreidimensionales Bild von Löwen oder Schafen kann man mit den noch verschlossenen Pusteblumen kreieren. Wenn ich die verschlossenen Pusteblumen sammle, stecke ich diese zunächst auf Zahnstocher, stecke sie auf einen Karton oder in meinen löchrigen Balken in der Küche und lasse sie ein oder zwei Tage in Ruhe. So sieht man schon, ob sie sich gut öffnen werden, und der Stängel ist dann weniger brüchig, löst sich aber noch vom Zahnstocher. Man kann die Pusteblumen aber auch direkt in das Papier fädeln. Die Löcher steche ich mit Zahnstochern und vergrößere sie mit der Bleistiftspitze. Dann kann man die Stängel durch das Papier stecken. Auf der Rückseite werden die Stängel festgeklebt. Zum Durchstechen und Einsetzen der Pusteblume ist ein Wäscheständer hilfreich, damit die Pusteblumen nicht zu sehr platt gedrückt werden, wenn sie auf der Rückseite angeklebt werden. Solange sie noch ungeöffnet sind, sind sie jedoch noch nicht empfindlich. Nun muss man nur noch ein paar Tage warten, und die Mähne oder die Wolle entfaltet sich.

Für luftige Kränze drücke ich die Stängel der noch nicht geöffneten Pusteblume platt, dann brechen sie nicht so schnell. Nun kann man die Stängel vorsichtig um einen Weidenkranz schlingen und ineinander stecken. Pusteblumen, die sich nicht öffnen oder auseinanderfallen, können später ersetzt werden.

Ein lebendiges Bild, die Mähne öffnet sich nach ein paar Tagen.

Es gibt unendliche Möglichkeiten, mit Pusteblumen zu gestalten.

KREATIVES SPIELEN MIT LÖWENZAHN

Am besten lernt man, wenn man spielt. Joseph Cornell hat den Begriff »Flow learning« geprägt. Mit *Flow* ist ein Zustand der äußersten Aufmerksamkeit gemeint, wobei Raum und Zeit verschwinden. Man ist vertieft, versunken in eine Beschäftigung. Cornell nennt vier Stufen, wie der Flow erreicht werden kann. Zunächst muss die Begeisterung geweckt werden. Durch Spielen werden störende, bewertende Gedanken abgestreift, man wird offen für Neues. Die Natur wird im Spiel sowohl intuitiv als auch beobachtend erlebt.[225] Kleine Kinder spielen ständig ohne Zweck und Ziel, leben im natürlichen Flow, lernen auf diese Weise schnell, denn Erfahrungen und Beobachtungen im Flow-Zustand merkt sich der Verstand gut. Kinder beim Spiel zu stören, damit sie andere vorgefertigte Lernaufgaben machen, verhindert Lernen eher.

Auch Wunder wecken Begeisterung. »Nimm Wunder wahr« oder »Plane ein Wunder«, rät Osho. Alles was dich staunen lässt, dein Herz berührt, sind Wunder und eröffnen Möglichkeiten. Ausschließlich vom Verstand geleitete Menschen bremsen sich selbst aus, weil neue oder wundersame Möglichkeiten nicht zugelassen werden.

Astrid Lindgren rät, Kinder sollten mehr spielen, damit man aus diesen Schätzen später im Leben schöpfen kann. »Dann weiß man, was es heißt, in sich eine warme Welt zu haben, die einem Kraft gibt, wenn das Leben schwer wird.«[226]

Doch auch Erwachsene sollten mehr spielen. Isabel Arends rät in ihren Büchern und Coachings Künstlern, in Schaffenskrisen zu spielen. Ideen fliegen durch die Luft, sie können uns plötzlich in den Sinn kommen, wenn wir nicht mit Denken beschäftigt sind. Dann heißt es, schnell notieren oder gleich damit beginnen, damit es nicht verfliegt. Ideen können mit unserem Intuitionssinn aus einem unsichtbaren Netz angezapft werden. Das kann geübt werden, Aufmerksamkeit ist Voraussetzung. Man sieht etwas, ist fasziniert oder hat den unerklärlichen Drang, innezuhalten, etwas Bestimmtes zu tun.[227] Bei wirklich neuen Ideen oder Wahrnehmungen erscheinen diese Ideen erst dumm oder unsinnig, unser Denken kann es nicht einordnen. Gerade diese Ideen sind wertvoll. Ist man ständig mit Unterhaltungsmedien abgelenkt oder ununterbrochen

Mit den ausgedienten Löwenzahn-Girlanden kann man flüchtigen Schmuck kreieren.

beschäftigt, hat die Intuition keinen Raum und kann sich nicht zeigen.

Ich verbringe viel Zeit in der Natur, alleine, beobachtend, spielend, vertraue meiner eigenen Intuition immer mehr, und so wird sie immer stärker. Ausgetretene Wege verlassen, Neues erkunden macht das Leben spannender. Bei der Brennnessel war es damals die Neugierde, die Fasern zu finden und daraus selbst Garn herzustellen, gerade weil ich nirgends finden konnte, wie es geht und es selbst herausfinden musste.

Im Januar 2024 hatte ich über die transformative Kraft des Löwenzahns gelesen, über den Hoffnungsbringer in Umbruchzeiten. Ich wollte sofort Wurzeln graben. Dabei hatte es die Tage zuvor gefroren und es lag noch etwas Schnee. Ich fand unter einem Walnussbaum trotzdem hellgrüne Pflänzchen mit ersten feinen Blättern. Die Wurzeln waren zart, lecker und mild. Ich war dann viele Wochen begeistert dabei, vieles mit Löwenzahn auszuprobieren und zu recherchieren, der Start für dieses Buch. Als der Autorenvertrag unterschrieben war, der Erscheinungstermin für das Buch stand, hatte ich mir selbst Druck gemacht. Der Löwenzahn blüht, wo ich wohne, nur im April üppig. Es gab so viel auszuprobieren! Die spielerische Leichtigkeit war gestört, und Einiges gelang nicht. Ich habe den Druck dann herausgenommen. Nur noch Pflanzenteile gesammelt, getrocknet, beobachtet, experimentiert. Der Spaß daran und die Entdeckerfreude kamen zurück. So entstand die Idee, dem Löwenzahn ein Kapitel über das Spielen und Kreativität zu widmen.

Meine Kräuterwanderung stand dann unter dem Motto »Spielen mit Pflanzen«. Mit der Löwenzahn-Trompete war gleich Begeisterung da. Erinnerungen aus der Kindheit kamen hervor, und die Sinne waren weit geöffnet.

Oft hemmt Angst oder gar Ekel vor Erde, Dreck oder vermeintlichen Gefahren in der Natur das unbeschwerte Spiel. Unklare Angst ohne Handlungsmöglichkeit über einen längeren Zeitraum verursacht Stress und letztendlich Krankheit. Angst ist bei akuter Bedrohung ein hilfreiches Gefühl, das uns einen Adrenalinstoß gibt, Energie freisetzt, damit wir uns schnell retten können. Wir sollten uns immer fragen, wo hilft uns die Angst und wo hemmt sie uns.

Die Welt bunter und fröhlicher machen.

Schneidet man den Stängel nur an einer Seite auf, kringelt er sich im Wasser schneckenförmig ein.

Löwenzahn-Kringel

Stängel, die man etwas einreißt oder einschneidet, kringeln sich ein, wenn man sie nass macht. Sehr frische Stängel kringeln sich sogar ohne Wasserbad. Die Stängel der Pusteblume sind trockener und müssen sich erst mit Wasser vollsaugen. Dies kann man nutzen, um daraus schöne Speise- oder Getränkedekorationen zu kreieren oder einfach damit zu spielen.

Legt man übrigens die gekringelten Stängel in Salzwasser, kringeln sie sich zurück. Die Osmose bringt auch hier die Bewegung. Das Salzwasser zieht das Wasser wieder aus den Zellen heraus, und der Unterdruck bewirkt das Ausrollen.

Löwenzahn-Leitungen

Steckt man die Stängel des Löwenzahns zusammen, kann man lange Leitungen bauen. Dazu wird das dünnere Ende, wo die Blüte angewachsen war, in das dickere Ende eines anderen

Stängels gesteckt. Daraus kann man lange Leitungen bauen, in denen Flüssigkeit transportiert werden kann. Als Trichter könnte man noch eine halbe Orangen- oder Zitronenschale nehmen. Ein kleines Loch hineinschneiden und vorsichtig den Stängel hineinstecken. Möglichst noch etwas abdichten.

Dünnere und dickere Stängel werden ineinander gesteckt.

Trinkhalm aus Löwenzahn

Der hohle Blütenstängel kann als Trinkhalm verwendet werden. Dazu vorsichtig den Stängel abzwicken, besser noch mit einem scharfen Messer, damit der Stängel sich nicht spaltet und einkringelt. Der bittere Milchsaft tritt zunächst aus. Wer das nicht mag, kann den Milchsaft vor dem Trinken abwaschen. Den Trinkhalm darf man gerne aufessen, er ist gesund und es gibt genug davon auf der Wiese.

Man könnte auch während einer Geburtstagsfeier spielen, wer den längsten Trinkhalm bauen kann und damit die Löwenzahn-Limonade trinken.

Löwenzahn im Glas

Eine Löwenzahnblüte mit Stängel wird in ein leeres Glas Wasser gestellt. Nach einiger Zeit wird der Blütenkopf schlaff herunterhängen. Nun wird Wasser in das Glas gefüllt, und man kann beobachten, wie sie sich wieder aufrichtet.

Stellt man eine ganze knospende Pflanze mit einem Stück Wurzel in ein Wasserglas, wächst sie weiter und bildet zuerst Blüten und auch später die Pusteblumen.

Löwenzahn-Trompete und -Flöte

Im Löwenzahn stecken Töne. Es klappt nicht immer sofort, man muss ein bisschen ausprobieren, und plötzlich klingt die Löwenzahn-Trompete. Ein etwas dickerer Stängel wird acht bis zehn Zentimeter lang abgeschnitten. Am etwas dünneren Ende wird der Stängel aufgespalten und wie bei einer Trompete ein wenig auseinandergebogen. Das Mundstück, das dickere Ende, wird plattgedrückt, sodass es sich auch etwas spaltet. Nun kurz und kräftig, aber mit entspannten Lippen in die Trompete blasen. Dabei die Lippen leicht zusammendrücken, die Luft mit leichtem Widerstand in die Trompete blasen.

Mit der Löwenzahn-Flöte kann man verschiedene Töne hervorbringen, die Trompete erzeugt einen Ton.

Für die Flöte wird der Stängel länger abgeschnitten. Dann werden vorsichtig die Löcher für verschiedene Töne hineingeschnitten. Wie bei der Trompete hineinblasen und die Löcher für die verschiedenen Töne leicht mit den Fingern zuhalten.

Heimdall, der germanische Götterbote, der mit dem Löwenzahn in Verbindung gebracht wird, hatte auch ein Blashorn.[228] Vielleicht war es die Löwenzahn-Trompete?

Wachsende oder nickende Blüte

Man nimmt einen möglichst dicken Löwenzahnstängel; die von der Pusteblume sind dicker und stabiler. Dann nimmt man eine schöne Blüte mit dünnerem Stängel. Der dickere Stängel sollte kürzer sein als der mit der Blüte. Den Blütenstängel kann man jedoch auch mit einem festen Grashalm oder Schaschlickspieß verlängern und verstärken. Nun wird der Stängel mit der Blüte vorsichtig in den dickeren Stängel gesteckt. Der Stängel oder Spieß sollte unten einige Zentimeter herausschauen. Schiebt man nun den Stängel mit der Blüte nach oben, wächst sie. Macht man dieses so, dass der Zuschauer das Hochschieben nicht sieht, kann man so tun, als würde der eigene Atem auf zauberhafte Weise die Blume wachsen lassen.

Will man einen Spaß machen, kann man den oberen Teil des Blütenstängels plätten. Bittet man nun jemanden, der zum Beispiel gerade Löwenzahn-Wein getrunken hat, die Blume anzuhauchen und schiebt dann unauffällig den Stängel hoch, neigt sich die Blüte und hängt schlapp herunter.

Den oberen Teil des Blütenstängels plätten.

Blütenschnipsen kann man mit verschiedenen Blüten ausprobieren.

Blüten schnipsen

Wenn es Blüten in Hülle und Fülle gibt, kann man auch das Blütenschnipsen mit dem Löwenzahn spielen. Dazu nimmt man den Stängel in die Faust und schnipst die Blüte mit dem Daumen ab, sodass sie weit fliegt. Welche Blüte fliegt am weitesten?

Blütenkranz

Ein Blütenkranz aus Löwenzahn ist wie eine Krone, König oder Königin für einen Tag oder zwei, denn dann schließen sich die Blüten und öffnen sich nicht mehr. Auch wenn es dunkel ist, schließen sie sich, also kein Kranz für eine nächtliche Feier. Blütenkränze kann man mit sehr vielen Wildpflanzen binden. Gänseblümchen, Rote Lichtnelke, Wiesenkerbel und der Hahnenfuß eignen sich. Die Stängel sollten etwas elastisch sein, damit sie nicht brechen. Am besten vorher testen. Möglichst Blüten mit sehr langen Stängeln wählen und während des Bindens in eine Vase mit Wasser stellen oder besser direkt von der Wiese pflücken. Der Kranz kann auf dem Kopf getragen werden, oder man legt ihn, damit er länger hält, auf einen Teller mit Wasser.

Man beginnt mit zwei Blumen, schlingt einen Stängel von hinten über den anderen Stängel, geht dann hinter der Blüte herum und legt die Stängel parallel zusammen. Die nächste Blüte wird wieder von hinten angelegt, unter die beiden anderen Stängel umwickelt und hinter der Blüte wieder parallel an die anderen Stängel angelegt. So bindet man jede weitere Blume um die Stängel, und der Kranz wird immer dicker. Ab und zu so zurechtdrücken und ziehen, dass der Kranz gleichmäßig dicht und fest wird. Hat er die gewünschte Länge, kann man entweder den Kranz mit weiteren Blüten zusammenbinden oder man nimmt einen Bindfaden und verbindet die beiden Enden.

Andere Blüten mit langen Stängeln wie Gänseblümchen können ebenso geflochten oder kombiniert werden.

Bild rechte Seite: Beim Sammeln auch mal innehalten, Kränze binden, die Pflanzen damit wertschätzen und zur Ruhe kommen.

Taucht man eine geöffnete Pusteblume in ein Wasserglas, entfalten sich die Schirmchen wieder, wenn man sie heraushebt.

Pusteblumen untertauchen

Man nimmt eine Pusteblume, deren Schirmchen nicht zu lose am Blütenkopf sind, zum Beispiel die vor dem Öffnen geernteten und aufgespießten Samenstände. Man taucht sie in ein Wasserglas. Nimmt man den Samenkopf wieder heraus, bildet sich sofort wieder eine schöne runde Kugel. Die Samen sind trocken geblieben. Die Flugschirmchen haben das Wasser verdrängt. Wenn es auf der Wiese regnet, macht es die Pusteblume genauso. Die Schirmchen sind kleine Regenschirme für die Samen.

Pusteblumen-Orakel

Das Blasen der Pusteblume kann als Orakel genutzt werden. Dazu überlegt man sich eine Frage, die mit »ja« oder »nein« zu beantworten ist. Dann bläst man, bis möglichst alle Samen fortgeflogen sind. Bleibt einer oder mehrere haften, bedeutet es »nein«. Um herauszufinden, ob eine Liebe leidenschaftlich und ohne Vorbehalte ist, bläst man nur einmal. Fliegen die meisten Flugschirme davon, ist sie es, bleiben viele hängen, gibt es Zweifel.

Man kann auch mit konkreten Zahlen fragen; fragt man zum Beispiel, wie viele Jahre es dauert, bis man Kinder bekommt oder bis das Buch fertig ist. Nun bläst man einmal, so kräftig man kann. Die übrig gebliebenen Flugsamen zeigen die Anzahl der Jahre an oder auch der Monate oder Tage, je nachdem, was man vorher definiert hat.

Die Pflanzen können unsere Gedanken erkennen und geben uns gerne Hilfe, so ist die Vorstellung dahinter. Daher ist es wichtig, die Fragen genau zu formulieren und sich zu überlegen, wie die Pflanze darauf antworten kann.

Wünsche-Pusteblume

Kommen die Wünsche von Herzen, können Sylphen, die Luftgeister, bei der Erfüllung unterstützen.

Auch Wünsche können in die Welt geblasen werden. Die Flugschirmchen tragen sie hinaus, und sie werden an die Luftwesen, die sogenannten *Sylphen* übergeben. Sie sorgen dafür, dass die Wünsche zu den Menschen oder anderen Wesen gelangen, die bei der Wunscherfüllung helfen können. Wünschen bedeutet demnach nicht, dass man nichts mehr für seinen Wunsch tun muss, aber Hilfe aus der geistigen Welt kann man erbitten. Und so gehts: Man nehme eine Pusteblume, überlegt sich den Wunsch sehr genau und denkt beim kräftigen Blasen an diesen Wunsch.

Oder man nimmt eine noch verschlossene Pusteblume, wie auf Seite 172 beschrieben. Legt diese in ein dekoratives Glas oder stellt sie mit einem Spieß auf ein Lehmstück oder auf einen Korken. Das Glas wird dann mit einem Etikett als Wunscherfüller beschriftet. Die Pusteblume öffnet sich und bleibt so geschützt lange erhalten. Man kann dann bei Bedarf ein Flugschirmchen entnehmen und in die Luft blasen. Weitere Objekte oder wie hier eine getrocknete Schlüsselblume können hinzugefügt werden. Die Kordel im Bild ist aus Löwenzahn gedreht. Als Geschenk an Menschen, die Wunder zulassen können.

Klebriger Pflanzensaft.

Schmuck aus Löwenzahn

Der Milchsaft des Löwenzahns ist klebrig. Dies kann man dazu nutzen, sich leichte Blüten als Gesichts- oder Ohrschmuck auf die Haut zu kleben. Auch die Finger- und Fußnägel lassen sich damit verzieren. Der Milchsaft klebt am besten im Frühjahr. Später im Jahr funktioniert das nicht mehr so gut, es ist nur noch sehr wenig Milchsaft in den Stängeln. Dann kann man aber Zuckerwasser nehmen und sich die Blüten aufkleben.

Um den Milchsaft zu erhalten, schneidet man die Stängel am besten mit einem scharfen Messer ab und tupft den auslaufenden Milchsaft ins Gesicht, dort wo die Blüten kleben sollen. Die Blüte kurz andrücken, ein paar Stunden bleiben die Blüten gut haften, wenn sie nicht abgerieben werden. Die Blätter der Schafgarbe, die auch Augenbraue der Venus genannt wird, eignen sich sehr schön als Feen-Augenbraue. Es macht viel Spaß, sich mit den unterschiedlichen Blüten zu schmücken, gerade weil es vergänglich ist und nicht so perfekt sein muss.

Für einen Armreif oder für ein Haarband teilt man die Stängel, sie kleben dann ein bisschen, und man kann sie mit oder ohne Blüte um Arme, Beine oder Finger wickeln. Um die Haare gewickelt, ist es ein schöner Haarschmuck.

Löwenzahnsaft klebt. Maya hatte die Idee für diese schönen Nagelverlängerungen aus Wiesenstorchenschnabel-Blüten.

Tattoo aus Löwenzahnmilch

Haarband und Haarschmuck.

Der Milchsaft in den Stängeln des Löwenzahns oxidiert an der Luft und wird nach ein paar Stunden braun. Ähnlich wie die Verzierungen mit Henna lassen sich damit Muster auf die Haut zeichnen. Da der Abdruck zunächst kaum sichtbar ist, braucht es etwas Übung, um gleichmäßige Muster damit stempeln zu können.

Die Stängel müssen dafür mit einem scharfen Messer angeschnitten werden. Man wartet ein paar Sekunden, bis der Saft austritt und stempelt den Saft in Kreisform des Stängels auf die Haut. Wenn nichts mehr herausläuft, neu anschneiden oder einen neuen Stängel nehmen. Schneidet man die Stängel schräg, erhält man Ellipsen. Unterschiedliche Größen erhält man, wenn man unterschiedlich dicke Stängel nimmt.

Nun ist es wichtig, dass nichts verwischt oder abgewaschen wird, bis es getrocknet ist. Erst nach einer Weile wird die Zeichnung sichtbar. Stellen, die zu hell erscheinen, können nachgestempelt werden.

Das Tattoo kann ein paar Tage halten. Will man es entfernen, geht das am besten mit warmem Wasser und Rubbeln. Achtung: auf der Kleidung sind die Flecken kaum herauszubringen.

Der Milchsaft oxidiert erst nach einer Weile, sodass die Zeichnung erst nach Stunden sichtbar wird.

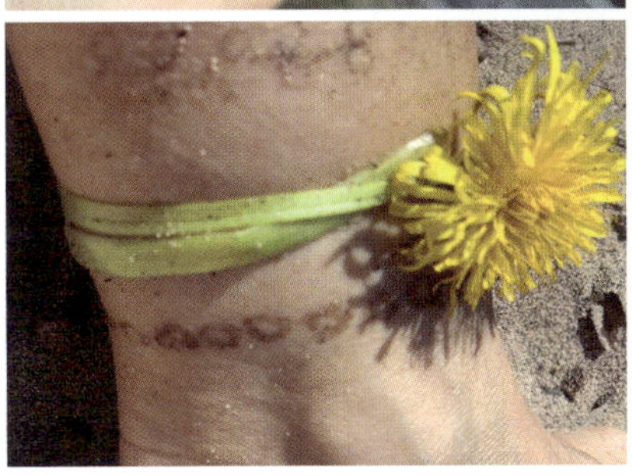

Mein Pusteblumen-Halter. Mein getöpfertes Tongefäß nach alter Technik der südamerikanischen Diaguita-Kultur.

Pusteblumen-Feuerball

Die Samenstände des Löwenzahns, die Pusteblumen, können brennen, insbesondere wenn sie ganz trocken sind. Die Pusteblumen, die sich nach der Ernte geöffnet haben, sind gut dafür geeignet. Steckt man sie mit einem Streichholz an, verbrennen sie mit einer kleinen Stichflamme als heller Feuerball. Die Samen bleiben unversehrt. Durch die Stichflamme erlischt das Feuer schnell.

Kinder sind begeistert davon. Mit solchen Feuerspielen sollte man sie aber nicht alleine lassen, am besten macht man es draußen, beim Grillen oder am Lagerfeuer, da auch ein bisschen Asche abfallen wird.

Als Zunder eignet sich die Pusteblume kaum. Ein Glutnest zum Anzünden eines Feuers konnte ich nicht zum Glimmen bringen, obwohl die verriebenen Pusteblumen manchmal als Zundermaterial empfohlen werden.

Die Samen sind nicht verbrannt.

ANHANG

Anmerkungen

1 Botanik und Pflanzen-Systematik; Vgl. www.oekologie-seite.de; Zugriff 28.12.2024
2 wikipedia.org; Löwenzahn (Taraxacum); Zugriff 22.12.2024
3 »Löwenzahnwurzel«; kraeuterkontor.de/magazin/loewenzahn; Zugriff 19.1.2023
4 »Der Deutsche Löwenzahn: Von wegen Pusteblume«; www.bund.net/themen/tiere-pflanzen/pflanzen/deutscher-loewenzahn; Zugriff 13.1.2024
5 Zuther: Die Sprache der Pflanzenwelt; S. 319
6 Christian Vera, Peru, Lima; Löwenzahn-Feigensirup als Tonikum, Löwenzahn in Lima. Mailkontakt November 2024
7 Simonsohn: Löwenzahn; S. 22
8 »Löwenzahn, Gemeiner« Unkraut-Steckbrief; lfl.bayern.de/ips/unkraut/u_steckbriefe/054008/index.php; Zugriff 13.1.2024
9 Zuther: Die Sprache der Pflanzenwelt; S. 319
10 »Der Deutsche Löwenzahn: Von wegen Pusteblume«; bund.net/themen/tiere-pflanzen/pflanzen/deutscher-loewenzahn; Zugriff 13.1.2024
11 Zuther: Die Sprache der Pflanzenwelt; S. 319
12 »Zeigerpflanze Löwenzahn«; boden-fachzentrum.de/bodenqualitaet/zeigerpflanzen/zeigerpflanze-loewenzahn; Zugriff 13.1.2024
13 Ruoff: Löwenzahn und Löwenkraft; S. 15
14 Storl: Heilkräuter und Zauberpflanzen; S. 161
15 TerraX plus: »Wie Pflanzen durch Osmose Straßen durchbrechen.« Auf YouTube, 2022
16 Fleischhauer; Gutmann; Spiegelberger: Enzyklopädie Essbare Wildpflanzen; S. 69, S. 386 ff
17 Erklärvideo zum Stickstoffkreislauf; studyflix.de/biologie/stickstoffkreislauf-2799; Zugriff 13.1.2024
18 »auf 100 g Brennnesseln kommen 145 mg Nitrat. ... Bis zu 1.300 mg Nitrat pro Tag gelten als unbedenklich.« www.gesundheitswissen.de/ernaehrung/gesunde-lebensmittel/obst-und-gemuese/brennnesseln-gruenes-superfood-mit-heilender-wirkung; Zugriff 13.1.2024
19 Tabelle Löwenzahn, die Nährwerte; Quelle: zentrum-der-gesundheit.de/pdf/tabelle_l%EF%BF%BD%EF%BF%BDwenzahn.pdf; Zugriff 16.12.2024
20 zytotoxisch: Eigenschaft einer Substanz, lebende Zellen (insbesondere Krebszellen) zu schädigen oder zerstören zu können.
21 allopathisch: Stoffliche Wechselwirkung einer Pflanze zu anderen Pflanzen, wobei die Ausscheidung organischer Verbindungen von der Pflanze zur Unterdrückung des Wachstums einer anderen Pflanze oder anderer Mechanismen führt.
22 »Taraxin: Chemische Eigenschaften, Wirkung und Vorkommen«; kraeuter-buch.de/glossar/taraxacin-318.html; Zugriff 19.1.2024
23 »Löwenzahnwurzel – Pusteblume (Taraxacum officinalis)«; www.heilpraxisnet.de/heilpflanzen/loewenzahnwurzel-pusteblume-taraxacum-officinalis; Zugriff 21.10.2025
24 »Cumarine sind Bitterstoffe, die medizinisch unter anderem die Blutgerinnung hemmen und entzündungshemmend sowie beruhigend wirken können.«; apowelis.de/lexicon/loewenzahn.0105; Zugriff 23.7.2024
25 Vlková: Kochen mit Löwenzahn; S. 43–44
26 vitalstoffmedizin.com/cholin; Zugriff 24.7.2024
27 phytoscout.de/pflanze/loewenzahn; Zugriff 4.7.2025
28 Fischer-Rizzi: Medizin der Erde; S. 143
29 Vlková: Kochen mit Löwenzahn; S. 65
30 Fleischhauer; Gutmann; Spiegelberger: Enzyklopädie Essbare Wildpflanzen; S. 401 und Simonsohn: Löwenzahn; S. 29
31 Fleischhauer; Gutmann; Spiegelberger: Enzyklopädie Essbare Wildpflanzen; S. 17
32 gesundheitsinformation.de/kalzium.html; Zugriff 15.12.2024
33 Simonsohn: Löwenzahn; S. 46
34 Inhaltsstoffe, Auflistung; fddb.info/db/de/lebensmittel/naturprodukt_loewenzahn/index.html; Zugriff 15.2.2025
35 »Spurenelement Bor – ein Schatz für die Zahngesundheit«; beradent.com/spurenelement-bor-fuer-die-zahngesundheit; Zugriff 19.12.2024
36 Ruoff: Löwenzahn und Löwenkraft; S. 86
37 »Bor und Borax – Der Stoff für Knochen und Gelenke«; zentrum-der-gesundheit.de/ernaehrung/mineralstoffe-spurenelemente/weitere-mineralstoffe-spurenelemente/borax#was_faktenchecker_und_verbraucherzentralen_sagen; Zugriff 15.12.2024
38 beradent.com/spurenelement-bor-fuer-die-zahngesundheit; Zugriff 15.12.2024
39 Simonsohn: Löwenzahn; S. 37, S. 47
40 Bundesamt für Risikobewertung; Höchstmengenvorschläge für Bor in Lebensmitteln inklusive Nahrungsergänzungsmitteln, PDF der Website, Download 15.12.2024
41 BfR; Gesundheitliche Bewertung Nr. 005/2006 des BfR vom 16. November 2005
42 »Scientific Opinion on the re-evaluation of boric acid (E 284) and sodium tetraborate (borax) (E 285) as food additives«; efsa.onlinelibrary.wiley.com/doi/abs/10.2903/j.efsa.2013.3407; Zugriff 11.11.2025
43 Anfrage per Mail über Website: medizin-transparent.at/borax-das-gesundheitsschaedliche-heilmittel/#ref5, 4.4.2024; Verweis auf vorhergehende Links, ansonsten keine Antwort.
44 »Latex aus Löwenzahn« biooekonomie.de/foerderung/foerderbeispiele/latex-aus-loewenzahn; Zugriff 4.2.2025
45 »Warum wird Löwenzahn nie krank?«; uni-muenster.de/news/view.php?cmdid=10344; Zugriff 5.10.2024
46 Info-Plakat Eickmeyer (Eskusa) und Prüfer (Fraunhofer IME); »Wissenschaftlicher Erkenntnisgewinn und Entwicklung von Selektionstools als Basis für eine nachhaltig erfolgreiche Pflanzenzüchtung.«
47 »Kalium und Selen: Wichtige Inhaltsstoffe für Herz und Schilddrüse«; ndr.de/ratgeber/gesundheit/Loewenzahn-Welche-Wirkung-hat-die-gesunde-Heilpflanze, loewenzahn145.html; Zugriff 9.2.2025
48 chemie.de/lexikon/Carotinoide.html; Zugriff 9.2.2024 und geo.de/wissen/ernaehrung/vitamin-lexikon/20330-rtkl-loewenzahn-diese-vitamine-stecken-drin; Zugriff 17.12.2024
49 orthoknowledge.eu/nutrienten/lutein; Zugriff 12.11.2025
50 vitamine.com/lebensmittel/loewenzahn; Zugriff 9.2.2024
51 apotheken-umschau.de/mein-koerper/blut/vitamin-k-711931.html; Zugriff 9.2.2024

52 »Vitamin B1 – Das Nervenvitamin«; zentrum-der-gesundheit.de/ernaehrung/vitamine/b-vitamine/vitamin-b1#vitaminb1mangel; Zugriff 15.12.2024
53 vitamine-lexikon.de/vitamin-b6-pyridoxin.shtml; Zugriff 16.12.2024
54 de.wikipedia.org/wiki/Naturkautschuk; Zugriff 9.10.2024
55 Heim: Kalorien, Kautschuk und Karrieren; S. 127
56 Dokumentation des Völkermord in Putumayo; de.wikipedia.org/wiki/Völkermord_in_Putumayo; Zugriff 9.10.2024
57 Heim: Kalorien, Kautschuk und Karrieren; S. 127–128
58 ebenda; S. 125, 151
59 ebenda; S. 139
60 ebenda; S. 80, 125 ff
61 ebenda; vgl. S. 173, 174, S. 178–199
62 Aus: Flowers of Auschwitz, Film von Trevor Avery und Rose Smith, 2015
63 Heim: Kalorien, Kautschuk und Karrieren; S. 163
64 »Wie Naturkautschuk aus Löwenzahnwurzeln gewonnen wird«; uni-muenster.de; Zugriff 10.10.2024 und »Reifen aus Löwenzahn; Löwenzahn: die neue Kautschukquelle« www.ime.fraunhofer.de; Zugriff 22.9.2025 und https://biooekonomie.de/nachrichten/neues-aus-der-biooekonomie/forschung-loewenzahnkautschuk-geht-voran; Zugriff 22.9.2025
65 Video »Schmutzige Reifen: Ein Milliardengeschäft«, Ausstrahlung 8.3.2021, ndr, auch auf YouTube
66 Video: »Fahrradreifen aus Löwenzahn« wdr, die Maus; 14.4.2024
67 eskusa-pflanzen.de; Zugriff 6.5.2024
68 Interview Eickmeyer, 25.10.2024
69 Arends; Warter: Wilde Alpenschätze; S. 91
70 »Alternative Ernährungsformen (Folge 8)«; www.deutsche-apotheker-zeitung.de/daz-az/2008/daz-47-2008/das-yin-und-yang-der-makrobiotischen-ernaehrung; Zugriff 13.11.2025
71 Zuther: Die Sprache der Pflanzenwelt; S. 318
72 »… Löwenzahn als Naturheilmittel im Jahr 659 v. Chr. im alten China«. drmedjulia.com/lowenzahn-wurzel-vorteile-verwendungen-und-nebenwirkungen; Zugriff 9.2.2025
73 Menssen: Die Phytotherapeutische Welt; S. 190
74 Psilakis: Heilkräuter in der Küche; S. 7 und auf S. 32 die kretische Volksweisheit in der Randspalte
75 Chorta und Radikia in Griechenland; de.rua.gr/2022/04/17/wilde-leidenschaft-fuer-loewenzahn; Zugriff 23.12.2024 und »Der Löwenzahn in der Medizin unserer alten Kräuterkundigen«; antik.news/203-loewenzahn; Zugriff 11.11.2025
76 Storl: Von Heilkräutern und Pflanzengottheiten; S. 32 ff
77 Psilakis: Heilkräuter in der Küche; S. 32
78 »Der Löwenzahn in der Medizin unserer alten Kräuterkundigen« antik.news/203-loewenzahn; Zugriff 21.9.2025
79 Menssen: Die Phytotherapeutische Welt; S. 190
80 »Löwenzahn«; dmm-ingolstadt.de/dmmi-digital/loewenzahn.html; Zugriff 21.9.2025
81 Treben: Gesundheit aus der Apotheke Gottes; S. 34–36
82 Stofflisten des Bundes und der Bundesländer; Bundesamt für Verbraucherschutz und Lebensmittelsicherheit (BVL), 2020
83 Ruoff: Löwenzahn und Löwenkraft; S. 51
84 Peter Emmrich, Taraxacum officinale (Löwenzahn) – eine Betrachtung, 2025, auf thieme-connect.com; zugrundeliegende Studien dazu: »In Vitro Effect of *Taraxacum officinale* Leaf Aqueous Extract on the Interaction between ACE2 Cell Surface Receptor and SARS-CoV-2 Spike Protein D614 and Four Mutants«; Hoai Thi Thu Tran, Michael Gigl und weitere, Universität Freiburg und München 2021; pubmed.ncbi.nlm.nih.gov/34681279/, Zugriff 23.12.2025 und »Common dandelion (*Taraxacum officinale*) efficiently blocks the interaction between ACE2 cell surface receptor and SARS-CoV-2 spike protein D614, mutants D614G, N501Y, K417N and E484K in vitro«; Hoai T.T. Tran, Universität Augsburg, und Nguyen Phan Khoi Le, Universität Freiburg und weitere, 2021; researchgate.net/publication/350195367_Common_dandelion_Taraxacum_officinale_efficiently_blocks_the_interaction_between_ACE2_cell_surface_receptor_and_SARS-CoV-2_spike_protein_D614_mutants_D614G_N501Y_K417N_and_E484K_in_vitro; mit PDF-Download der Studie. Zugriff 19.12.2025
85 Sandhya Ramesh 05 June, 2021: theprint.in/science/fauci-dismissed-iit-delhi-covid-paper-as-outlandish-what-it-said-why-it-was-withdrawn/672294/ und Interview Klinghardt »Die neuen Kombi-Infektionen betreffen uns alle: …« auf YouTube 3.12.2023
86 »Taraxacum – A review on its phytochemical and pharmacological profile«; sciencedirect.com; Zugriff 19.7.2024
87 »Effect of Water Extracts from Root of Taraxacum officinale on Innate and Adaptive Immune Responses in Mice«, Yoon, Taek-Joon, 2008; koreascience.kr; Zugriff 19.7.2024, dort viele weitere Studien mit Löwenzahn
88 »In vitro and in vivo hepatoprotective effects of the aqueous extract from Taraxacum officinale (dandelion) root against alcohol-induced oxidative stress«, Yanghee You und weitere, 2010; sciencedirect.com; Zugriff 11.11.2025
89 Fischer-Rizzi: Medizin der Erde; S. 145
90 Vgl. auch Ruoff: Löwenzahn und Löwenkraft; S. 59–60
91 Heinrich: phytoscout.de
92 Treben: Gesundheit aus der Apotheke Gottes; S. 35
93 Storl: Heilkräuter und Zauberpflanzen; S. 169
94 Heinrich: phytoscout.de
95 Oertel-Bauers Heilpflanzen-Taschenbuch, S. 74
96 Zuther: Die Sprache der Pflanzenwelt; S. 328
97 »Wie Zeaxanthin unsere Sehkraft schützt« zentrum-der-gesundheit.de/bibliothek/koerper/augen/zeaxanthin; Zugriff 17.9.2025
98 Ruoff: Löwenzahn und Löwenkraft; S. 16 und S. 113
99 Treben: Gesundheit aus der Apotheke Gottes; S. 35
100 Oertel-Bauers Heilpflanzen-Taschenbuch; S. 74
101 Heinrich: phytoscout.de
102 Burckhardt: Alles aus Wildpflanzen; S. 159
103 Heinrich: phytoscout.de
104 Oertel-Bauers Heilpflanzen-Taschenbuch; S. 74
105 Ruoff: Löwenzahn und Löwenkraft; S. 49–50
106 Oertel-Bauers Heilpflanzen-Taschenbuch; S. 74
107 Arends; Warter: Wilde Alpenschätze; S. 91
108 Heinrich: phytoscout.de
109 Ruoff: Löwenzahn und Löwenkraft; S. 23, 51 und 76–78

110 Fleischhauer; Gutmann; Spiegelberger: Enzyklopädie Essbare Wildpflanzen; S. 402
111 »Löwenzahn bei Hautproblemen oder zur Wundbehandlung«; gesundfit.de/heilkraeuter-heilpflanzen/loewenzahn; Zugriff 23.7.2024
112 »Selective induction of apoptosis and autophagy through treatment with dandelion root extract in human pancreatic cancer cells«; pubmed.ncbi.nlm.nih.gov/22647733; Pamela Ovadje und weitere; 2012 Zugriff 3.7.2025
113 »Evaluation of aqueous extracts of Taraxacum officinale on growth and invasion of breast and prostate cancer cells«; pubmed.ncbi.nlm.nih.gov/18425335; Sophia C Sigstedt und weitere; 2008; Zugriff 3.7.2025
114 »Taraxacum officinale induces cytotoxicity through TNF-alpha and IL-1alpha secretion in Hep G2 cells«, Hyun-Na Koo und weitere, 2004; pubmed.ncbi.nlm.nih.gov/14687655; Zugriff 3.7.2025
115 »Efficient induction of extrinsic cell death by dandelion root extract in human chronic myelomonocytic leukemia (CMML) cells«, Pamela Ovadje und weitere, 2012; pubmed.ncbi.nlm.nih.gov/22363452; Zugriff 3.7.2025
116 Heinrich: phytoscout.de; Zugriff 3.7.2025
117 ebenda; Zugriff 3.7.2025
118 Ruoff: Löwenzahn und Löwenkraft; S. 52
119 ebenda; S. 86
120 ebenda; S. 20–23
121 Heinrich: phytoscout.de
122 Ruoff: Löwenzahn und Löwenkraft; S. 100
123 paracelsus.de/magazin/ausgabe/201106/die-signaturenlehre-in-der-paracelsusmedizin; Zugriff 15.12.2024 und Ruoff: Löwenzahn und Löwenkraft; S. 109
124 Pausch: Meine Heilkräuter Mandalas; S. 38
125 Ruoff: Löwenzahn und Löwenkraft; S. 39
126 ebenda; S. 40–41
127 Simonsohn: Löwenzahn; S. 7
128 Keidel-Joura: Vom Charakter der Heilpflanzen; S. 138 ff
129 »Johann Wolfgang von Goethe, der Gourmet, sein Nutzgarten, Küchengarten« garten-literatur.de/Leselaube/goethe/goethe6_nutzgarten.htm; Zugriff 3.1.2025
130 Landwirtschaftlicher Kurs 1924; Steiners Impulse; Verein für biologisch-dynamische Landwirtschaft, Liestal; 9/2019
131 Broschüre: »Demeter, Präparate, Einführung in die biodynamische Präparatearbeit«, Verein für Biologisch-Dynamische Landwirtschaft; S. 21–22
132 Steiner, Die Liebe und ihre Bedeutung in der Welt, Vortrag Zürich, 17.12.1912
133 Storl: Heilkräuter und Zauberpflanzen; S. 161
134 beruhmte-zitate.de/autoren/george-washington-carver
135 biography.com/scientists/george-washington-carver; Zugriff 21.10.2025
136 Fischer-Rizzi: Medizin der Erde; S. 143
137 Bardenheier: Für dich blüht nur der Löwenzahn; S. 197–198
138 ebenda; S. 56–57
139 Cover Zeitschrift Sputnik, Heft 10, 1988, www.hdg.de/lemo/bestand/objekt/druckgut-sputnik-10.html
140 de.wikipedia.org/wiki/Deutsch-sowjetischer_Nichtangriffspakt; Zugriff 11.3.2024
141 dietributevonpanem.fandom.com/wiki/Katniss_Everdeen; Zugriff 11.3.2024
142 dietributevonpanem.fandom.com/wiki/Das_Berglied; Zugriff 11.3.2024
143 Collins: Tribute von Panem, Mockingjay; zitiert aus: bookanalysis.com/suzanne-collins/mockingjay/quotes; Zugriff 12.2.2025
144 Rowling: Harry Potter und der Orden des Phönix, S. 741; harrypotter.fandom.com/de/wiki/L%C3%B6wenzahn; Zugriff 12.2.2025
145 Songtext von Jagger und Richards, 1967
146 de.wikipedia.org/wiki/Summer_of_Love; Zugriff 22.1.2023
147 Vgl. Zuther: Die Sprache der Pflanzenwelt; S. 330
148 »Löwenzahn Räucherwerk; Löwenzahn räuchern lenkt negative in positive Gedanken um«; celticgarden.de/loewenzahn-raeucherung; Zugriff 11.3.2024
149 »Ist moderne Medizin Voodoo?«; spektrum.de/rezension/nocebo-wers-glaubt-wird-krank/1138004; Zugriff 22.2.2025
150 Sendung Kirche in WDR 2; Manfred Becker-Huberti; 9.4.2014; 5:55 Uhr
151 »Festtag der Göttin Hekate«; hexenladen-hamburg.de/feiertage/16-november-festtag-der-goettin-hekate-heqit-heket; Zugriff 5.7.2025
152 »Medea, die mächtige Zauberin: Ihre magischen Kräfte und legendären Taten« histoires-du-monde.com, Zugriff 13.11.2025 und enthalten im Buch »Entering Hekate‘s Garden« von Cyndi Brannen
153 »Theseus und der Minotaurus«; studysmarter.de/schule/latein/roemische-antike/theseus-und-der-minotaurus; Zugriff 7.2.2024
154 Tsoukás: Ariadnes Fäden, S. 180, 181
155 »Kretas Priesterinnen«; Arte Mediathek, 16.8.2025, ZDF
156 »Samhain«; das-raeucherwerk.de/samhain; Zugriff 13.11.2025
157 »St Brigid and Dandelions«; chesneydandelions.blogspot.com; Zugriff 7.2.2024
158 Wabun; Shawnodese: Das Medizinrad-Traumbuch; S. 284–285
159 In: Why The Moon Travels, Oein DeBharduin, Skein Press, Irland, 2020; auch erzählt auf YouTube: Tea with a Druid 142; Zugriff 22.1.2024
160 »Die inspirierende Legende des Löwenzahns«; gedankenwelt.de/die-inspirierende-legende-des-loewenzahns; Zugriff 11.3.2024; ursprünglich aus dem Buch »The Children‘s Hour«, 1918
161 Mehr zu Berta Wegmann; artvee.com/dl/dandelions, Zugriff 17.11.2025
162 Retrospektive Yayoi Kusama; fondationbeyeler.ch/ausstellungen/yayoi-kusama; Zugriff 23.10.2025; weitere Infos und Biografie auf YouTube: Sneak Peek »Yayoi Kusama«, Yayoi Kusama – Obsessed with Polka Dots | Tate und: Artist Describes How Art Saved Her Life von Lynne Lamberg in Psychiatry online, 14.9.2017
163 Nach dem Mathematiker Leonardo Fibonacci (1170–1240) benannt
164 »Kann die Natur Mathe?« Jens Hahne, Ralph Caspers, 23.05.2023; auf YouTube
165 »Der goldene Schnitt, was ist der goldene Schnitt«; nicofranz.art/kunsttheorie/goldener-schnitt; Zugriff 12.5.2025

166 »Fibonacci-Zahlen und der Goldene Schnitt«; FIONA GRIESS-HAMMER und REBEKKA MAAS, Uni Leipzig, PDF-Download am 19.11.2024
167 KUNZ: Zahl, Rhythmus, Wandlung; S. 13
168 ebenda; S. 32
169 emma-kunz.com/de/grotte-und-reservation; Zugriff 5.3.2025
170 KUNZ: Zahl, Rhythmus, Wandlung; S. 33
171 ebenda; S. 35
172 ebenda; S. 36
173 SYLLA: Wie die Musik die Welt erschafft; S. 60–62
174 ebenda; S. 24–25
175 KEIDEL-JOURA: Vom Charakter der Heilpflanzen; S. 142
176 STORL: Heilkräuter und Zauberpflanzen; S. 169
177 ZUTHER: Die Sprache der Pflanzenwelt; S. 323
178 Vgl. auch STORL: Heilkräuter und Zauberpflanzen; S. 172
179 paracelsus.de/magazin/ausgabe/201106/die-signaturenlehre-in-der-paracelsusmedizin; Zugriff 15.12.2024 und RUOFF: Löwenzahn und Löwenkraft; S. 109
180 KEIDEL-JOURA: Vom Charakter der Heilpflanzen; S. 142
181 ZUTHER: Die Sprache der Pflanzenwelt; S. 323
182 ebenda; S. 25
183 FRINTRUP: Das Brennnessel-Buch; S. 67 ff
184 ZUTHER: Die Sprache der Pflanzenwelt; S. 321 und S. 64–65
185 ebenda; S. 323
186 MENSSEN: Die Phytotherapeutische Welt; S. 190
187 »Taraxacum officinale: Zur Herkunft und Benennungsmotivation der Bezeichnungen für den Löwenzahn im Bulgarischen und anderen slawischen Sprachen«, THEISSEN, ULRICH, PDF-Download über www.zeitschrift-fuer-balkanologie.de/index.php/zfb/article/download/62/62; Zugriff 13.11.2025
188 Vgl. auch RUOFF: Löwenzahn und Löwenkraft; S. 33–39
189 ebenda; S. 30
190 SIMONSOHN: Löwenzahn; S. 30 ff
191 STORL: Heilkräuter und Zauberpflanzen; S. 166
192 »Wie sich eine fünfte Dimension entdecken lässt«, ARLIE PETTERS, Duke University, weltderphysik.de/gebiet/universum/nachrichten/2006/wie-sich-eine-fuenfte-dimension-entdecken-laesst; Zugriff 25.9.2025
193 »The Spirit of Dandelion«; FARRELL: innertraditions.com/blog/the-spirit-of-dandelion; Zugriff 19.11.2024
194 »Numerologie: Die Kraft der Zahlen entschlüsselt!« fachportal-gesundheit.de/zahlen-und-schicksal-numerologie Zugriff 17.11.2025; und herzvertrauen.de/blog/zahlen-und-ihre-spirituelle-bedeutung; Zugriff 3.3.2025
195 »Cultivating Higher Mind with the Spirit of Dandelion«; innertraditions.com/blog/the-spirit-of-dandelion; Zugriff 19.11.2024
196 vgl. auch »Spirituelle Bedeutungen des Löwenzahns«; zauber-magie.de/11-spirituelle-bedeutungen-des-lowenzahns; Zugriff 20.11.2024
197 »Löwenzahnsymbolik in Japan: historische Bedeutung, kulturelle Repräsentation und künstlerische Interpretation«, 2023; garvillo.com/de/lowenzahn-symbolik-japan; Zugriff 20.11.2024
198 VLKOVA: Kochen mit Löwenzahn; S. 83
199 Interview mit FRED EICKMEYER, ESKUSA, Parkstetten am 25.10.2024
200 RUOFF: Löwenzahn und Löwenkraft; Wildniskoch PETER BECKER; S. 17
201 FRED EICKMEYER, Interview
202 STORL: Von Heilkräutern und Pflanzengottheiten, S. 209 ff
203 STORL: Heilkräuter und Zauberpflanzen; S. 162
204 FISCHER-RIZZI: Medizin der Erde; S. 143
205 Vgl. RUOFF: Löwenzahn und Löwenkraft; S. 81
206 Siehe auch: »The Earthing Movie: The Remarkable Science of Grounding.« JOSH AND REBECCA TICKELL; 2019
207 Vgl. JAMES L. OSCHMAN: Can Electrons Act as Antioxidants? (November 2007); S. 955–967
208 HEINRICH: www.phytoscout.de/pflanze/loewenzahn; Zugriff 11.2.2025
209 RUOFF: Löwenzahn und Löwenkraft; S. 77
210 TREBEN: Gesundheit aus der Apotheke Gottes; S. 36
211 FISCHER-RIZZI: Medizin der Erde; S. 143
212 Viannos, Directorate of Agricultural Development of the Region of Crete. Viannis Municipality, 2000–2006; S. 45–55
213 »Holocaust Remembrance Day: Freedom or Death«; pappaspost.com/holocaust-remembrance-day-freedom-or-death; Zugriff 9.4.2025
214 »The Year Greece's Eurovision Entry Faced Serious Threats From Turkey«; greekreporter.com/2025/05/15/year-greece-eurovision-entry-threats-from-turkey; Zugriff 28.5.2025
215 RUOFF: Löwenzahn und Löwenkraft; S. 72
216 vgl. PAUSCH: Meine Heilkräuter Mandalas; S.76 ff
217 ebenda, S. 19
218 STEINER: »Die Liebe und ihre Bedeutung in der Welt«; aus einem Vortrag in Zürich, 17.12.1912; pdf download am 7.6.2024, antro-web.ch
219 PAUSCH: Meine Heilkräuter Mandalas; S. 23, 37
220 ebenda; S. 72
221 ebenda; S. 48 ff
222 DOERNER: Malmaterial und seine Verwendung im Bilde; S. 188–189
223 Färben mit Löwenzahn: wilde-farben.de; Zugriff 15.5.2024 und KATJA PLACK: strickendlos.blogspot.com; Zugriff 21.11.2024
224 BURCKHARDT: Alles aus Wildpflanzen, S. 159
225 CORNELL: Mit Cornell die Natur erleben; S. 16
226 LINDGREN, ASTRID: Steine auf dem Küchenbord; S. 55 (zitiert nach Abendzeitung München, 4. November 1997.
227 ARENDS, ISABEL; Happy im Flow – Entdecke deine kreative Intuition. Bisher unveröffentlichte Texte
228 RUOFF: Löwenzahn und Löwenkraft; S. 29

Literatur

ARENDS, ISABEL; WARTER, DORIS: Wilde Alpenschätze; Amerang 2022.

BÄCHI-NUSSBAUMER, ERNA: So färbt man mit Pflanzen; Stuttgart 1980.

BARDENHEIER, REINHOLD: Für dich blüht nur der Löwenzahn; 2. Auflage, Frankfurt (Main) 1995.

BEUCHERT, MARIANNE: Symbolik der Pflanzen; Leipzig 2004.

BONNEFOIT, REGINE; PETRUCCI, SARA (HG.): Zahl, Rhythmus, Wandlung: EMMA KUNZ und Gegenwartskunst; Göttingen 2020.

BRADBURY, RAY: Löwenzahnwein; Zürich 1983 (engl. Original: Dandelion Wine; 1957).

BRADBURY, RAY: Fahrenheit 451; New York 1953.

BROWN, ALLAN; MICHELL, JOHN: Crooked Soley; Brighton 2005.

BÜHRING, URSEL: Praxislehrbuch der modernen Pflanzenheilkunde; Stuttgart 2005.

BURCKHARDT, COCO: Alles aus Wildpflanzen; Stuttgart 2013.

CORNELL, JOSEPH: Mit Cornell die Natur erleben; Mülheim an der Ruhr 1998.

DOERNER, MAX: Malmaterial und seine Verwendung im Bilde; Stuttgart 1994.

FELDMANN, ELSE: Löwenzahn, eine Kindheit; Wien 2025 (Erstauflage 1922).

FISCHER-RIZZI, SUSANNE: Medizin der Erde; 6. Auflage, Aarau und München, 2013.

FLEISCHHAUER, STEFFEN GUIDO; GUTMANN, JÜRGEN; SPIEGELBERGER, ROLAND: Enzyklopädie Essbare Wildpflanzen; Aarau und München 2013.

FRINTRUP, MECHTILDE: Das Brennnessel-Buch; Aarau und München 2020.

FROMMHERZ, ANDREA; GÜNTER-BIEDERMANN, EDITH: Kinderwerkstatt Zauberkräuter; Aarau und München 1997.

HAGER, IRENE; HÖNIGSCHMID, ALICE; SCHÖNWEGER, ASTRID: Die Kraft der Südtiroler Kräuter nutzen; Bozen 2020.

HEIM, SUSANNE: Kalorien, Kautschuk und Karrieren; Göttingen 2003.

HUNGER, SIBYLLE; MEINEL-ZOTTEL, ESTHER: Gemüse und Obst einfach fermentieren; Aarau und München 2023.

KEIDEL-JOURA, CHRISTINE: Vom Charakter der Heilpflanzen; München 1997.

LINDGREN, ASTRID: Steine auf dem Küchenbord, Hamburg 2000.

LÜDER, RITA: Grundkurs Pflanzenbestimmung; 6. Auflage, Wiebelsheim 2013.

MENSSEN, HANS GEORG: Die Phytotherapeutische Welt; Frankfurt (Main) 1983.

MESSÉGUÉ, MAURICE: Die Natur hat immer Recht; Berlin 1973.

MICHELL, JOHN; BROWN, ALLAN: So ist die Welt gebaut; Aarau und München 2010.

NEDDO, NICK: Malwerkstatt Natur; Aarau und München 2016.

OERTEL, ADOLF; BAUER, EDUARD: Oertel-Bauers Heilpflanzen-Taschenbuch, 2. Jubiläums-Pracht-Ausgabe; Unkel (Rhein) 1915.

PAUSCH, JOHANNES: Meine Heilkräuter Mandalas; Salzburg 2015.

PSILAKIS, MARIA; PSILAKIS, NIKOS: Heilkräuter in der Küche, Heraklion o.J.

RÄTSCH, CHRISTIAN: Enzyklopädie der psychoaktiven Pflanzen; Aarau und München 1998.

RÄTSCH, CHRISTIAN; BERGER, MARKUS: Enzyklopädie der psychoaktiven Pflanzen, Band 2; Aarau und München 2022.

RUOFF, MARIANNE: Löwenzahn und Löwenkraft; Aarau und München 2017.

SCHRÖDER, WOLFGANG: Die Meisterkräutertherapie; Ruhpolding 2012.

SIMONSOHN, BARBARA: Löwenzahn; Murnau 2023.
STORL, WOLF-DIETER: Pflanzendevas; Aarau und München 2001.
STORL, WOLF-DIETER: Heilkräuter und Zauberpflanzen zwischen Haustür und Gartentor; Aarau und München 2005.
STORL, WOLF-DIETER: Von Heilpflanzen und Pflanzengottheiten; Bielefeld 2014.
STORL, WOLF-DIETER: Heilkräuter und Zauberpflanzen; Aarau und München 2018.
SYLLA, SEBASTIAN REINHOLD: Wie Musik die Welt erschafft; Frauenfeld 2021.
TREBEN, MARIA: Gesundheit aus der Apotheke Gottes; Steyr 1995.
TSOUKÁS, SYLVIA: Ariadnes Fäden; Augsburg 2018.
VLKOVA, JANA: Kochen mit Löwenzahn; Prag 2019.
WABUN, SUN BEAR; SHAWNODESE, WIND: Das Medizinrad-Traumbuch; Leipzig 1995.
ZUTHER, SVENJA: Die Sprache der Pflanzenwelt; Aarau und München 2014.

Informative Webseiten und Bezugsquellen

- Uni Münster: Löwenzahnforschung: uni-muenster.de
- Pflanzenzüchtung ESKUSA (EICKMEYER): eskusa-pflanzen.de
- Sendung mit der Maus, Fahrradreifen aus Löwenzahn: wdrmaus.de/filme/sachgeschichten
- Preprint-Studie zu Löwenzahn und Spike-Proteine SARS-CoV-2, der Uni Freiburg: www.biorxiv.org/content/10.1101/2021.03.19.435959v1
- WDR Dokumentation: Thema Kautschuk: Autoreifen – Ein schmutziges Milliardengeschäft
- Reifenhersteller Continental zum Thema Löwenzahnkautschuk: Natural Rubber from Dandelion Roots (German Version); Video auf YouTube
- Nomadische Erzählkunst: nomadische-erzaehlkunst.de
- Fibonacci-Zahlen und der Goldene Schnitt: GRIESSHAMMER und MAAS, Uni Leipzig, PDF-Download
- Frischpresssaft Löwenzahn: schoenenberger.com/pflanzensaefte
- Löwenzahn-Limonade: stuggi-schorle.de
- Europakloster Löwenzahn-Tinktur: europakloster.com
- Hydrolate, Kräuter, Bücher: naturessenzenwinzig.de/shop
- Falscher Kaffee aus Löwenzahnwurzel: im Onlineshop von Sonnentor oder in Bioläden. www.sonnentor.com

Dank

Danke dem Verlagsleiter Urs Hofmann, dass ich nach dem Brennnessel-Buch nun auch das Löwenzahn-Buch beim AT Verlag veröffentlichen darf. Außerdem bedanke ich mich bei allen Beteiligten des Verlages von der Herstellung bis zum Druck. Insbesondere Patricia Käppeli und Giorgio Chiappa für die nicht immer einfache Bildbeschaffung im kulturellen Teil und das präzise Auge bei den letzten Korrekturen, des Weiteren Carla Schmid für die Anregungen beim Coverentwurf, Anna Maggi, Patrick Roth und Liliane Licata als freundliche und zuverlässige Ansprechpartner für viele organisatorische Fragen.

Ich danke der Lektorin Ricarda Berthold, dass sie wie schon beim Brennnessel-Buch das inhaltliche Lektorat übernommen hat und mir in einem schönen Austausch viele wertvolle Hinweise und textliche Korrekturen vorgeschlagen hat.

Herzlich bedanke ich mich beim Musiker und Fotografen Zam Helga, der meine vielen Löwenzahn-Objekte und Arbeiten so schön in Szene gesetzt hat und mich auch bei gestalterischen Fragen beraten hat.

Ich danke meinen Freunden, Kräuterbekannten und meiner Familie, die ihre Erfahrungen geteilt, Rezepte oder Anwendungen empfohlen oder ausprobiert haben. Insbesondere meinen Schwestern Anne Halbuer, Rita Mersmann und Geva Terhar für das Ausprobieren der Rezepte und die hilfreichen Rückmeldungen. Meinem Sohn Ruphay bin ich dankbar, weil er mich immer wieder bei Fotoaufnahmen und Videos unterstützt. Danke, liebe Maya Schwarz, für die Blütenschmuckfotos und deine Ideen bei den Aufnahmen. Bei Popi Varitaki bedanke ich mich, weil ich durch ihre Gastfreundschaft, die Unterkunft, die Speisen, den Garten so viel Energie bekam und Griechenland lieben gelernt habe. Bei den vielen Kräuter- und Naturpädagogen und -coaches möchte ich mich bedanken, insbesondere Nadja Hillgruber, sie und viele andere haben mir Informationen über den Löwenzahn weitergeleitet oder von eigenen Erfahrungen berichtet. Bei Eberhard Winzig bedanke ich mich, er hat mir die Vorzüge von Destillaten und wie man diese herstellt nähergebracht. Danke Martina Kübler-Verissimo, mit Milan und Bella, die gerne die Spiele mit Löwenzahn getestet haben.

Fachliche Informationen habe ich freundlicherweise von Ärzten und Heilpraktikern, insbesondere von Dr. Marianne Ruoff, Gabriela Wagener-Klein, Wolfgang Heinrich und Dr. phil. Isabel Arends im Buch aufnehmen dürfen. Im wissenschaftlichen Teil, insbesondere über die Löwenzahnkautschuk-Forschung haben mir Dr. Dirk Prüfer und Dr. Fred Eickmeyer spannende Einblicke verschafft und vieles erklärt, ganz herzlichen Dank dafür.

Ich danke meiner Mutter und meinem Vater, dass wir im hohen Gras spielen durften, uns schmutzig machen durften, Werkzeuge und Material verwenden konnten, sodass der Kreativität keine Grenzen gesetzt wurden. Das erkenne ich als Grundlage für ein selbstbestimmtes Leben und wünsche allen Kindern, dass sie auch so unbeschwert in der Natur spielen dürfen.

Bildnachweis

Illustrationen und Grafiken (wenn nicht anders angegeben): MECHTILDE FRINTRUP
Fotos überwiegend: MECHTILDE FRINTRUP und ZAM HELGA

Fotonachweis ZAM HELGA: S. 2, 8, 9, 10, 11 (drittes von oben), **S. 13** (unten), **S. 14** (unten), **S. 16** (oben), **S. 16–17** (unten), **S. 18** (oben), **S. 20, 21, 26** (Mitte), **S. 28, 29, 30, 33** (unten), **S. 36, 37, 40, 66, 78, 82** (Mitte und unten), **S. 83** (oben), **S. 85** (Mitte), **S. 86** (oben und Mitte), **S. 88, 90** (oben und unten), **S. 94** (oben rechts, beide Mitte, unten rechts), **S. 96, 97, 100** (zweite Reihe von oben Mitte, dritte Reihe von oben links), **S. 102, 103, 106, 108, 110** (unten links), **S. 111** (unten), **S. 120** (unten rechts), **S. 126** (unten), **S. 128** (unten links), **S. 132** (oben), **S. 141** (Mitte), **S. 144, 145** (unten), **S. 153, 154** (links), **S. 155** (rechts), **S. 156, 158** (unten), **S. 163** (oben), **S. 164, 172** (oben zweites von links freigestellt und unten), **S. 173** (Mitte rechts und unten), **S. 174** (unten rechts), **S. 175** (oben rechts, unten links und rechts), **S. 176, 177, 178, 180** (unten), **S. 181, 182** (unten), **S. 183** (unten), **S. 184** (unten), **S. 185, 186, 187, 188** (oben), **S. 189** (oben), **S. 190–191** (Bildfolge unten)

Weitere Bildgeber:
Umschlag © iStock.com/Nadezhda_Nesterova; © iStock.com/iSci; © iStock.com/Avalon_Studio; © iStock.com/Alexan2008; © iStock.com/Berezka_Klo; **S. 11** © iStock.com/arild lilleboe (zuoberst), © iStock/Dzmitry Trambitski (zweites von oben), © iStock.com/Ian_Redding (zweites von unten); **S. 12** © alamy.de/CHRIS BOSWORTH (Mitte); **S. 25** © iStock.com/Selahattin Volkan Kuru; **S. 31** © alamy.de/Lanmas (oben), © iStock.com/PeterHermesFurian (unten); **S. 32** © Volkswagen Aktiengesellschaft (oben, unten); **S. 33** © Yad Vashem Photo Archive, FA157/128 (oben), © Yad Vashem Photo Archive, FA157/130 (Mitte); **S. 42** © iStock.com/Simona Sirio; **S. 44** © alamy.de/DCOW/EUB; **S. 57** © alamy.com/Alpha Stock; **S. 58** © iStock.com/middelveld; **S. 59** © iStock.com/BiancaGrueneberg; **S. 61** © bpk / Deutsches Historisches Museum / Indra Desnica; **S. 62** Cover Löwenzahn, Else Feldmann, Milena Verlag; **S. 64** © alamy.de/Vinyls (oben), © alamy.de/BNA Photographic (unten); **S. 65** © alamy.com/WorldPhotos; **S. 67** © alamy.com/Penta Springs Limited, Fotograf Artokoloro (oben), © Deutsche Post/Heinz Schillinger (Mitte), Wikimedia Commons / Weil et Chénin, Contes et récits du XIXe siècle, 1913 (unten); **S. 68** © alamy.de/The Picture Art Collection; **S. 74** Wikimedia Commons / Albrecht Dürer, The Large Piece of Turf (oben), Wikimedia Commons / Bertha Wegmann, Dandelions (links), Wikimedia Commons / Jean François Millet, Dandelions (rechts); **S. 75** Kubo Shunman, Hare and Dandelion? Quelle: H. O. Havemeyer Collection, Bequest of Mrs. H. O. Havemeyer, 1929, www.metmuseum.org/art/collection/search/54519 (oben), Wikimedia Commons / Vincent Van Gogh, Löwenzahn (unten); **S. 76** Yayoi Kusama, Dandelions, 1984, Acrylic on canvas, 45.5 × 53 cm, © YAYOI KUSAMA; **S. 77** Rafał Bujnowski, Dandelion, 2016, Oil on canvas, Diameter 144 cm, courtesy of the Dzielna Foundation, © the artist; **S. 79** © Steve Alexander; **S. 80** © Emma Kunz Stiftung; **S. 115** Geva Terhar (unten links) **S. 167** © Pater Johannes Pausch, Europakloster Gut Aich

Textrechte

- S. 92 Kaneko Misuzu, Stars and Dandelions. Aus: Are You an Echo? The Lost Poetry of Misuzu Kaneko, herausgegeben von Chin Music Press, Seattle USA. Aus dem Englischen und Japanischen übersetzt von Mechtilde Frintrup. Textrechte Originalfassung mit freundlicher Genehmigung von Tomoko Kitao, www.jula.com
- S. 93 Peter Huchel, Löwenzahn. Gesammelte Werke in zwei Bänden. © 1984, Suhrkamp Verlag GmbH, Frankfurt am Main
- S. 93 Rose Ausländer, Die Sichel mäht die Zeit zu Heu. Gedichte 1957–1965 © 1985, S. Fischer Verlag GmbH, Frankfurt am Main

Fotografie: Mechtilde Frintrup, Zam Helga (und weitere)
Illustrationen, wenn nicht anders angegeben: Mechtilde Frintrup
Lektorat: Ricarda Berthold
Gestaltung und Satz: Mechtilde Frintrup
Bildbearbeitung: AT Verlag
Druck und Bindearbeiten: Graspo CZ, a. s.
Printed in Czechia

MIX
Papier | Fördert gute Waldnutzung
FSC® C010798

ISBN 978-3-03902-275-5

Für die Herstellung und Einfuhr in die EU: AT Verlag AG, Bahnhofstraße 41, 5000 Aarau, Schweiz, info@at-verlag.ch;
AT Verlag Deutschland, c/o Liberté Buchservice GmbH, Fruchthof, Gotzinger Straße 52b, 81371 München, Deutschland, info@atverlag.de

www.at-verlag.ch

Der AT Verlag wird vom Bundesamt für Kultur für die Jahre 2026–2028 mit einem Strukturbeitrag unterstützt.